EUROPA-FACHBUCHREIHE
für elektrotechnische Berufe

# Arbeitsbuch Elektrotechnik
## Lernfelder 1 bis 4

**1. Auflage**

Bearbeitet von Lehrern an beruflichen Schulen und von Ingenieuren (siehe Rückseite)

Lektorat: Klaus Tkotz

VERLAG EUROPA-LEHRMITTEL · Nourney, Vollmer GmbH & Co. KG
Düsselberger Straße 23 · 42781 Haan-Gruiten

**Europa-Nr.: 37469**

*Autoren des Arbeitsbuches Elektrotechnik:*

| | |
|---|---|
| Bastian, Peter | Kirchheim-Teck |
| Burgmaier, Monika | Stuttgart |
| Eichler, Walter | Kaiserslautern |
| Huber, Franz | Olching |
| Käppel, Thomas | Münchberg |
| Klee, Werner | Mehlingen |
| Kober, Karsten | Kaiserslautern |
| Tkotz, Klaus | Kronach |

*Lektorat und Leitung des Arbeitskreises:*
Klaus Tkotz

*Firmenverzeichnis und Warenzeichen:*
Die Autoren und der Verlag bedanken sich bei den nachfolgenden Firmen für die Unterstützung

- BENNING GmbH & Co.KG, 46397 Bocholt
- co.Tec GmbH, 83026 Rosenheim
- GMC-Instruments GmbH, 90471 Nürnberg
- Moeller GmbH, 53115 Bonn
- OLIGO Lichttechnik GmbH, 53773 Hennef
- Paulmann Licht GmbH, 31832 Springe-Völksen
- Pepperl + Fuchs GmbH, 68307 Mannheim
- Siemens AG, 90475 Nürnberg
- Wohlrabe Lichtsysteme, 65779 Kelkheim
- Windows, Access, Powerpoint, Outlook sind eingetragene Warenzeichen der Microsoft Corporation
- INTEL ist ein eingetragenes Warenzeichen der INTEL Corporation
- Linux ist ein eingetragenes Warenzeichen von Linus Torvalds
- Nachdruck der Box Shots von Microsoft-Produkten mit freundlicher Erlaubnis der Microsoft Corporation
- Alle anderen Produkte, Warenzeichen, Schriftarten, Firmennamen und Logos sind Eigentum oder eingetragene Warenzeichen ihrer jeweiligen Eigentümer

*Bildbearbeitung:*
Zeichenbüro des Verlages Europa-Lehrmittel GmbH & Co. KG, Leinfelden-Echterdingen

Das vorliegende Buch wurde auf der **Grundlage der neuen amtlichen Rechtschreibregeln** erstellt.

1. Auflage 2007
Druck 5 4 3 2 1
Alle Drucke derselben Auflage sind parallel einsetzbar, da sie bis auf die Behebung von Druckfehlern untereinander unverändert sind.

ISBN 978-3-8085-3746-6

Titelmotiv: Michael M. Kappenstein, 60594 Frankfurt am Main

Satz: Lithotronic Media GmbH, Dreieich
Druck: Media Print Informationstechnologie, 33100 Paderborn

# Liebe Leserin,
# lieber Leser,

## ... in Sachen Lernfelder ...

„Lernen ist wie Rudern gegen den Strom. Hört man damit auf, treibt man zurück"

Sprichwort aus China

Die heutige Arbeitswelt erfordert besonders in den Elektroberufen Mitarbeiter mit hoher Fachkompetenz. Technologischer Fortschritt und Lernen gehören eng zusammen. Lernen gelingt, wenn man bereit ist zu lernen. Unser Buch soll Ihnen helfen, bei Ihrer Ausbildung und später im Berufsleben erfolgreich zu sein.

## Warum gibt es Lernfelder?

In den Elektroberufen haben sich viele Techniken und Arbeitsabläufe wesentlich verändert. Deshalb sind neue Organisationsformen, Prozesse und Lerntechniken erforderlich. Hohe Flexibilität verbunden mit eigenverantwortlichem Arbeiten sowie bestimmte Qualitätsanforderungen stehen im Mittelpunkt.

## Wie werden Lernfelder umgesetzt?

Lernfelder werden in Lernsituationen, die sich an der betrieblichen Praxis orientieren, umgesetzt. Ein Beispiel für eine Lernsituation ist der Arbeitsauftrag:
Elektroinstallation einer Fertiggarage (siehe Seite 53).

## Wie sollen Sie mit diesem Buch arbeiten:

✓ Lesen Sie die Aufgabenstellungen sorgfältig durch.
✓ Achten Sie auf mögliche Lernhilfen.
✓ Machen Sie sich eventuell Notizen auf einem separaten Blatt oder auf den Notizseiten im Anhang.
✓ Schwierige Aufgaben sollten Sie zu zweit oder in Teamarbeit lösen.
✓ Tragen Sie Ihre Lösung an der entsprechenden Stelle im Arbeitsbuch ein. Achten Sie unbedingt auf den zur Verfügung stehenden Platz.
✓ Kontrollieren Sie nochmals Ihre Lösung. Gehen Sie Ihre Lösung Schritt für Schritt gedanklich durch.
✓ Haben Sie die Lernsituation bearbeitet, beanworten Sie zum Abschluss die Seiten „Testen Sie Ihre Fachkompetenz" am Kapitelende.
✓ Zur Hilfestellung, zur Stoffaufbereitung und Stoffvertiefung können Sie z.B. das Fachbuch „Fachkunde Elektrotechnik" - verwenden.

Wir wünschen Ihnen viel Spaß beim Arbeiten mit diesem Buch. Der Erfolg stellt sich dann sicher von selbst ein.

Gerne freuen wir uns auf einen Dialog mit Ihnen. Schreiben Sie uns unter: lektorat@europa-lehrmittel.de

Autoren und Verlag Winter 2006/2007

### Für wen ist das Buch geeignet?

● Alle Auszubildenden, die einen Elektroberuf in der Industrie und im Handwerk erlernen.
● Schüler und Studierende von Fachschulen, Meisterschulen, Berufskollegs und Berufsfachschulen.
● Überbetriebliche Ausbildungsstätten.

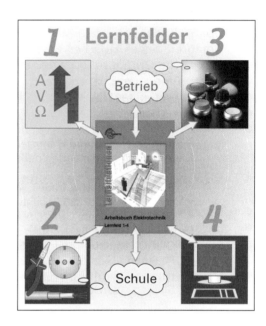

Wenn Sie Hilfe benötigen: Informieren Sie sich im Buch „Fachkunde Elektrotechnik"

und

sollten Sie bei einer Aufgabe überhaupt nicht weiterkommen:
Es gibt ein ausführliches Lösungsbuch!

**Die Autoren des Buches**

**LF 1, Seite 5**

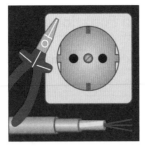

**LF 2, Seite 52**

**LF 3, Seite 71**

**LF 4, Seite 105**

Nachdruck, auch auszugsweise, nur mit Genehmigung des Verlages.
Copyright 2007 by Europa-Lehrmittel

## Elektrotechnische Systeme analysieren und Funktionen prüfen

## Lernsituation: Gefahren des elektrischen Stromes, Sicherheitsregeln und Arbeitsschutz kennen

Elektrischer Strom ist unentbehrlich und der Umgang mit elektrischer Energie ist selbstverständlich geworden. Bei nicht sachgemäßem Umgang ergeben sich aber Gefahren (**Bild 1**). Erarbeiten Sie folgende Arbeitsaufträge mithilfe den in den Lernhilfen angegebenen Büchern und Hinweisen.

### Arbeitsauftrag 1: Gefahren des elektrischen Stromes kennen

1. Bei dem Stromunfall nach **Bild 1** führte das Gehäuse des Elektroherdes (**Bild 2**) versehentlich Spannung. Dadurch kann bei Berührung ein elektrischer Strom durch den Körper fließen.
   **a)** Mit welchem spannungsführenden elektrischen Leiter ist das Gehäuse des Elektroherdes (**Bild 2**) indirekt verbunden ?

   **b)** Wie hoch ist die Spannung $U$ zwischen zwei Außenleitern, z.B. zwischen L1 und L2, im üblichen Niederspannungsnetz?

   **c)** Wie hoch ist die Spannung zwischen einem Außenleiter und Erde?

   **d)** Wie hoch ist die Spannung, zwischen der berührenden Hand und dem Standort (Übergangswiderstände werden vernachlässigt)?

   **e)** Welche Bedeutung hat die Strichlinie vom Standort zu $R_B$ ?

   **f)** Zeichnen Sie den Stromweg über den menschlichen Körper im **Bild 2** mit einem Farbstift ein.

2. Der elektrische Strom kann durch einen menschlichen Körper fließen. Welche Folgen kann dieser Stromfluss haben?

   - 
   - 
   - 
   - 
   - 

3. Welche Faktoren beeinflussen die Wirkungen des elektrischen Stromes, der durch einen menschlichen Körper fließt?

   - 
   - 
   - 
   - 
   - 
   - 

4. Durch Untersuchungen physiologischer Vorgänge, z.B. Muskelkrämpfe, hat man Wahrnehmungen des elektrischen Stromes festgestellt. Beantworten Sie die folgenden Fragen mithilfe von **Bild 3**.

---

📖 Lernhilfen

- Buch „Fachkunde Elektrotechnik" die Kapitel:
  – Arten von Stromkreisen
  – Gefahren im Umgang mit dem elektrischen Strom
  – Arbeits- und Unfallschutz
- Buch „Rechenbuch Elektrotechnik" die Kapitel
  – Ohmsches Gesetz
  – Schutzmaßnahmen
- Internetadresse: www.bgfe.de
- DIN VDE 0105

---

Aus dem Tagesanzeiger vom 2.7.2006

**Von der Küche in die Intensivstation**
Ein 27-jähriger greift an den Elektroherd, wird dann von einem Stromschlag getroffen und kommt auf die Intensivstation. Jetzt hat er den Elektriker angezeigt. „Ich hatte den Tod vor Augen, war hilflos, bekam keine Luft mehr, habe gezittert" ...

**Bild 1: Bericht aus dem Tagesanzeiger**

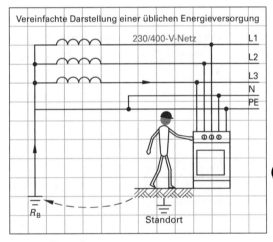

**Bild 2: Energieversorgung**

---

## Physiologische Wirkung
(bei Wechselstrom 50 bis 60 Hz)

- Wahrnehmung
  – mit der Zunge ab 4,0 .... 5,0 µA
  – mit dem Finger ab 1,0 .... 1,5 mA
- Loslassgrenze    bei Frauen    ab 6 mA
                  bei Männern ab 9 mA
- Verkrampfung der Atemmuskulatur
                              ab 20 mA
- Herzkammerflimmern       ab 50 mA

- Ab 500 mA: Stromwirkung häufig tödlich!

**Bild 3: Stromwahrnehmungen**

> ● Der menschliche Körper hat einen Widerstand $R_K$ von etwa 1 kΩ.
> ● Fließt ein Strom $I_K$, so fällt am Körper eine Spannung ab. Diese Spannung nennt man Berührungsspannung $U_B$.
> ● Die maximale Berührungsspannung nennt man $U_L$.

**a)** Ab welcher Stromstärke ist elektrischer Strom wahrnehmbar?
**b)** Welche Stromstärke führt bei Wechselstrom meist zu Herzkammerflimmern?
**c)** Ab welcher Stromstärke ist elektrischer Strom häufig tödlich?

**a)**                **b)**            **c)**

**5.** Die Höhe der maximalen Berührungsspannung $U_L$ hat man international vereinbart. Geben Sie die maximalen Werte an für **a)** Menschen und **b)** Tiere . Beachten Sie die Spannungsarten AC und DC.

**a)**                              **b)**

**6.** Geben Sie die Formel an, mit der man die Berührungsspannung $U_B$ am Körper von Menschen und Nutztieren berechnet.

$U_B$   Berührungsspannung; $I_K$ Körperstrom
$R_K$   Körperwiderstand

**7.** Untersuchungen für 50-Hz-Wechselstrom haben nach IEC 479 vier Wirkungsbereiche **(Bild 1)** ergeben. Ergänzen Sie mithilfe **Bild 1** die **Tabelle**. Berechnen Sie mithilfe des ohmschen Gesetzes die Berührungsspannung $U_B$ bei einem angenommenen Körperwiderstand von 1,2 kΩ.

**8.** In der Elektrotechnik unterscheidet man zwischen direktem und indirektem Berühren. Tragen Sie die Berührungsarten in **Bild 2** ein.

**9.** Im Bereich der Elektrotechnik sind Elektrofachkräfte **(Bild 3)** einzusetzen.
**a)** Was versteht man unter einer Elektrofachkraft?

**b)** Welche Aufgaben haben Elektrofachkräfte?

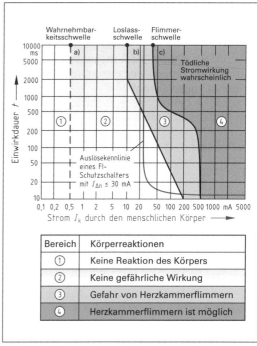

| Bereich | Körperreaktionen |
|---------|------------------|
| ① | Keine Reaktion des Körpers |
| ② | Keine gefährliche Wirkung |
| ③ | Gefahr von Herzkammerflimmern |
| ④ | Herzkammerflimmern ist möglich |

**Bild 1: Wirkungsbereiche bei Wechselstrom 50 Hz auf erwachsene Personen nach IEC 479**

**Bild 2: Berührungsarten**

> ⓘ Näheres zur Elektrofachkraft: DIN VDE 0105

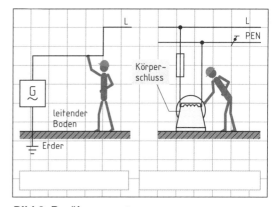

**Noch heute verunglücken Elektrofachkräfte durch Leichtsinn und mangelndem Fachwissen!**

**Bild 3: Elektrofachkraft**

| Tabelle: Körperreaktionen | | | | |
|---------------------------|--------|--------|--------|--------|
| Körperstrom | 2 mA | 0,2 mA | 200 mA | 0,75 A |
| Einwirkdauer | 200 ms | 10 sec | 50 ms | 20 ms |
| Wirkungsbereich | | | | |
| Berührungsspannung | | | | |
| Körperreaktion | | | | |

## Arbeitsauftrag 2: Die 5 Sicherheitsregeln erklären, beschreiben und anwenden

**1.** Ein Auszubildender hat von seinem Meister den Auftrag erhalten, eine beschädigte Schutzkontaktsteckdose auszutauschen. In welcher festgelegten Reihenfolge muss man vor dem Austausch vorgehen und welche Tätigkeiten sind
dabei auszuführen?

● _____

● _____

_____

● _____

_____

**2.** Bei richtiger Lösung von Aufgabe 1 haben Sie 3 Sicherheitsregeln beachtet.
In DIN VDE 0105 hat man aber 5 Sicherheitsregeln festgelegt, die ein gefahrloses Arbeiten an elektrischen Anlagen
ermöglichen.
**a)** Nennen Sie die 5 Sicherheitsregeln in der üblichen Kurzfassung. Beachten Sie die vorgeschriebene Reihenfolge.

Regel 1: _____

Regel 2: _____

Regel 3: _____

Regel 4: _____

Regel 5: _____

**b)** Muss die Regel 4 immer angewandt werden?

_____

**3.** Erklären Sie und beschreiben Sie die Bilder in der **Tabelle**. Durchkreuzen Sie die Tätigkeit bzw. Beschreibung, die
unsicher ist.

| Tabelle: Arbeiten in einer elektrischen Anlage | | |
|---|---|---|
| **Bild** | *Nicht einschalten! An Anlage wird gearbeitet!* | | |
| **Tätigkeit, Beschreibung** | | | |
| | Sicherheitsregel: | Sicherheitsregel: | Sicherheitsregel: |

## Arbeitsauftrag 3: Erste Hilfe leisten

Bei Unfällen durch den elektrischen Strom **(Seite 6)** muss jede Elektrofachkraft die wichtigsten Regeln und Informationen für die Erste Hilfe kennen.

**a)** Welche einheitliche Rufnummer haben die Feuerwehr/Rettungsdienst und die Polizei?

Feuer/Rettungsdienst: _____ Polizei: _____

**b)** Welche Sicherheitszeichen zeigt das **Bild**?

_____

_____

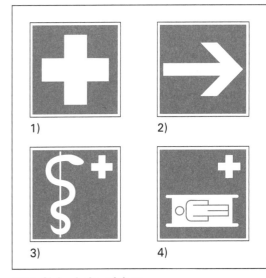

1)        2)

3)        4)

**Bild: Sicherheitszeichen**

**c)** Bei Unfällen durch den elektrischen Strom muss zuerst der über den Menschen fließende Strom unterbrochen werden. Dabei unterscheidet man Maßnahmen in Niederspannungsanlagen (< 1000 V), Hochspannungsanlagen (> 1000 V) und Anlagen mit unbekannter Spannung. Nennen Sie Möglichkeiten zur Spannungsunterbrechung und ergänzen Sie die rechte Spalte der **Tabelle**.

**Tabelle: Maßnahmen bei Unfällen durch den elektrischen Strom**

| Anlage | Maßnahmen zur Spannungsunterbrechung, weitere Veranlassung, Hinweise (Beispiele) |
|---|---|
| Niederspannungsanlage | • _____<br>• _____<br>• _____<br>• _____ |
| Hochspannungsanlage | • _____<br>• _____<br>• _____<br>• _____ |
| unbekannte Spannung | |

**d)** Welche Sofortmaßnahmen sind bei einem Unfall zu leisten?

_____

_____

_____

_____

**e)** Bei einem Unfall muss man der Rettungsleitstelle wichtige Informationen über den Unfall mitteilen. Nennen Sie die 5 wichtigsten Informationen (W-Fragen).

_____

_____

_____

_____

 **Aus dem Strafgesetzbuch (StGB):**

Hilfeleistung ist die gesetzliche Pflicht zur Hilfe bei Unglücksfällen, gemeiner Gefahr oder Not. Wer ihr nicht nachkommt, obwohl Hilfe erforderlich und dem Einzelnen zumutbar ist, wird mit Freiheits- oder Geldstrafe bestraft (§323c StGB). Die Pflicht zur Hilfeleistung entfällt, wenn auf andere Weise Hilfe geleistet wird.

## Arbeitsauftrag 4: Mit einem zweipoligen Spannungsmesser (Duspol) umgehen

Beantworten Sie mithilfe der Bedienungsanleitung **(Seite 11)** die folgenden Aufgaben zum zweipoligen Spannungsprüfer.

**1.** Geben Sie die Teile 1 bis 7 **(Bild)** an.

**Bild: Duspol**

**2.** Beschreiben Sie die grundsätzliche Handhabung.

**3.** Geben Sie den Nennspannungsbereich an.

**4.** Welche Schutzart hat der Duspol?

**5.** Wie lange darf der Duspol maximal an Spannung betrieben werden?

**6.** Wie prüft man Wechselspannungen?

**7.** Beschreiben Sie die Prüfung eines Außenleiters. Geben Sie eventuell Sicherheitshinweise an.

**8.** Wie prüft man Gleichspannungen?

**9.** Wie prüft man die Polarität bei Gleichspannungen?

**10.** Kann man die Spannung einer 9-V-Blockbatterie (Gleichspannung) messen?

**11.** Wie hoch ist die Stromaufnahme $I$ bei Betätigung der beiden Drucktaster bei einer Prüfspannung von 500 V?

# Bedienungsanleitung des zweipoligen Spannungsmessers (Duspol)

Bevor Sie den Spannungsprüfer DUSPOL ® analog benutzen: Lesen Sie bitte die Bedienungsanleitung und beachten Sie unbedingt die Sicherheitshinweise!

**Inhaltsverzeichnis:**

## 1. Sicherheitshinweise:

– Gerät beim Prüfen nur an den isolierten Handhaben/Griffen anfassen und die Kontaktelektroden (Prüfspitzen) nicht berühren!
– Unmittelbar vor dem Benutzen: Spannungsprüfer auf Funktion prüfen! (siehe Abschnitt 3). Der Spannungsprüfer darf nicht benutzt werden, wenn die Funktion einer oder mehrerer Anzeigen ausfällt oder keine Funktionsbereitschaft zu erkennen ist (IEC 61243-3)!
– Der Spannungsprüfer (Spannungsklasse A) darf nur im Nennspannungsbereich von 12 V bis 500 V AC/DC benutzt werden!
– Der Spannungsprüfer entspricht der Schutzart IP 64 und kann deshalb auch unter feuchten Bedingungen verwendet werden (Bauform für den Außenraum).
– Beim Prüfen den Spannungsprüfer an den Handhaben/Griffen vollflächig umfassen.
– Spannungsprüfer nie länger als 30 s an Spannung anlegen (maximal zulässige Einschaltdauer ED = 30 s)!
– Der Spannungsprüfer arbeitet nur einwandfrei im Temperaturbereich von -10 °C bis +55 °C bei einer Luftfeuchte von 20 % bis 96 %.
– Der Spannungsprüfer darf nicht zerlegt werden!
– Der Spannungsprüfer ist vor Verunreinigungen und Beschädigungen der Gehäuseoberfläche zu schützen.
– Der Spannungsprüfer ist trocken zu lagern.
– Als Schutz vor Verletzungen sind nach Gebrauch des Spannungsprüfers die Kontaktelektroden (Prüfspitzen) mit der beiliegenden Abdeckung zu versehen!
**Achtung:** Nach höchster Belastung, (d.h. nach einer Messung von 30 Sekunden an 500 V muss eine Pause von 240 Sekunden eingehalten werden! Auf dem Gerät sind internationale elektrische Symbole und Symbole zur Anzeige und Bedienung mit folgender Bedeutung abgebildet:

| Symbol | Bedeutung |
|---|---|
| ⚠ | Gerät oder Ausrüstung zum Arbeiten unter Spannung |
| ⊕ | Drucktaster |
| ∿, AC | Wechselstrom, Wechselspannung |
| ⎓, DC | Gleichstrom, Gleichspannung |
| ∼ | Gleich- und Wechselstrom |
| ⸝ | Drucktaster (handbetätigt); weist darauf hin, dass entsprechende Anzeigen nur bei Betätigung beider Drucktaster erfolgen |
| ↻ | Rechtsdrehsinn |
| ↻Y | Drehfeldrichtungsanzeige; die Drehfeldrichtung kann nur bei |

| Symbol | Bedeutung |
|---|---|
| | 50 bzw. 60 Hz und in einem geerdeten Netz angezeigt werden |
| R | Symbol für Phasen- und Drehfeldrichtungsanzeige (Rechtsdrehfeld) |

## 2. Funktionsbeschreibung

Der DUSPOL ® analog ist ein zweipoliger Spannungsprüfer nach IEC 61243-3 mit optischer Anzeige ohne eigene Energiequelle. Das Gerät ist für Gleich- und Wechselspannungsprüfungen im Spannungsbereich von 12 V bis 500 V AC/DC ausgelegt. Es lassen sich mit diesem Gerät bei Gleichspannung Polaritätsprüfungen und bei Wechselspannung auch Phasenprüfungen vornehmen. Es zeigt die Drehfeldrichtung eines Drehstromnetzes an, sofern der Sternpunkt geerdet ist. Der Spannungsprüfer besteht aus den Prüftastern L1 und L2 und einem Verbindungskabel. Der Prüftaster L1 hat ein Anzeigefeld. Beide Prüftaster sind mit Drucktastern versehen. Ohne Betätigung beider Drucktaster lassen sich folgende Spannungsstufen (AC oder DC) anzeigen: 24 V+; 24 V-; 50 V; 120 V. Bei Betätigung beider Drucktaster wird auf einen geringeren Innenwiderstand geschaltet (Unterdrückung von induktiven und kapazitiven Spannungen). Hierbei wird nun auch eine Anzeige von 12 V+ und 12 V- aktiviert. Ferner werden hierbei anliegende Spannungen zwischen 230 V und 500 V AC/DC durch ein Tauchspulsystem angezeigt. Die Dauer der Prüfung mit geringerem Geräteinnenwiderstand (Lastprüfung) ist abhängig von der Höhe der zu messenden Spannung.

**Das Anzeigefeld**
Das Anzeigesystem besteht aus kontrastreichen Leuchtdioden (LED), die Gleich- und Wechselspannung in Stufen von 12; 24; 50 und 120 V anzeigen (permanentes Anzeigesystem). Eine Tauchspulanzeige, zeigt die Spannungswerte zwischen 230 V und 500 V AC/DC gemäß der Skalen für Gleich- und Wechselspannung an. Die Wechselspannungsskala befindet sich links neben dem Anzeigepegel, die Gleichspannungsskala rechts. Bei den angegebenen Spannungen handelt es sich um Nennspannungen. Bei Gleichspannung zeigen die LED für 12 V und 24 V auch die Polarität an (siehe Abschnitt 5).Eine Aktivierung der 12 V LED und der Tauchspulanzeige ist nur möglich, wenn beide Drucktaster betätigt werden.

**LCD-Anzeige**
Die LCD-Anzeige dient zur Phasenprüfung bei Wechselstrom und zeigt auch die Drehfeldrichtung eines Drehstromnetzes an.

## 3.Funktionsprüfung

– Der Spannungsprüfer darf nur im Nennspannungsbereich von 12 V bis 500 V AC/DC benutzt werden!
– Spannungsprüfer nie länger als 30 s an Spannung anlegen (maximal zulässige Einschaltdauer ED = 30 s)!
– Unmittelbar vor dem Benutzen den Spannungsprüfer auf Funktion prüfen!
–Testen Sie alle Funktionen an bekannten Spannungsquellen.
– Verwenden Sie für die Gleichspannungsprüfung z.B. eine Autobatterie.
– Verwenden Sie für die Wechselspannungsprüfung z.B. eine 230 V-Steckdose. Verwenden Sie den Spannungsprüfer nicht, wenn nicht alle Funktionen einwandfrei funktionieren!
Überprüfen Sie die Funktion der LCD-Anzeige durch einpoliges Anlegen des Prüftasters L1 an einen Außenleiter (Phase).

## 4. So prüfen Sie Wechselspannungen

– Spannungsprüfer nur im Nennspannungsbereich von 12 V bis AC 500 V benutzen!
– Spannungsprüfer nie länger als 30 s an Spannungen bis 500 V anlegen (maximal zulässige Einschaltdauer ED = 30 s)!
– Umfassen Sie vollflächig die isolierten Handhaben/Griffe der Prüftaster L1 und L2.
– Legen Sie die Kontaktelektroden der Prüftaster an die zu prüfenden Anlagenteile.
– Bei Wechselspannung ab 24 V, bei Betätigung beider Drucktaster (Lastprüfung) ab 12 V, leuchten die Plus-und Minus-LED auf. Darüber hinaus werden Spannungen zwischen 230 V und AC 500 V durch das Tauchspulmesswerk stufenlos angezeigt, wenn beide Drucktaster betätigt werden. Achten Sie unbedingt darauf,dass Sie den Spannungsprüfer nur an den isolierten Handhaben der Prüftaster L1 und L2 anfassen,die Anzeigestelle nicht verdecken und die Kontaktelektroden nicht berühren!

### 4.1 So prüfen Sie die Phase bei Wechselspannung

– Spannungsprüfer nur im Nennspannungsbereich 12 V bis AC 500 V benutzen!
– Die Phasenprüfung ist im geerdeten Netz ab 230 V möglich!
– Umfassen Sie vollflächig die Handhabe/Griff des Prüftasters L1.
– Legen Sie die Kontaktelektrode des Prüftasters L1 an den zu prüfenden Anlageteil.
– Spannungsprüfer nie länger als 30 s an Spannungen bis 500 V anlegen (maximal zulässige Einschaltdauer ED = 30 s)!
– Wenn auf dem Display der LCD-Anzeige ein „R"-Symbol erscheint, liegt an diesem Anlagenteil die Phase einer Wechselspannung.
Achten Sie unbedingt darauf, dass bei der einpoligen Prüfung (Phasenprüfung) die Kontaktelektrode vom Prüftaster L2 nicht berührt wird!
**Hinweis:** Die Anzeige auf dem LCD-Display kann durch ungünstige Lichtverhältnisse, Schutzkleidung und isolierende Standortgebenheiten beeinträchtigt werden.

## 5. So prüfen Sie Gleichspannungen

– Der Spannungsprüfer darf nur im Nennspannungsbereich von 12 V bis DC 500 V benutzt werden!
– Spannungsprüfer nie länger als 30 s an Spannung anlegen (maximal zulässige Einschaltdauer ED = 30 s)!
– Umfassen Sie vollflächig die isolierten Handhaben/Griffe der Prüftaster L1 und L2.
– Legen Sie die Kontaktelektroden der Prüftaster an die zu prüfenden Anlagenteile.
– Bei Gleichspannung ab 24 V, bei Betätigung beider Drucktaster (Lastprüfung) ab 12 V, leuchtet die Plus- oder Minus-LED auf. Darüber hinaus werden Spannungen zwischen 230 V und DC 500 V durch das Tauchspulmesswerk stufenlos angezeigt, wenn beide Drucktaster betätigt werden.
Achten Sie unbedingt darauf,dass Sie den Spannungsprüfer nur an den isolierten Handhaben der Prüftaster L1 und L2 anfassen, die Anzeigestelle nicht verdecken und die Kontaktelektroden nicht berühren!

### 5.1 So prüfen Sie die Polarität bei Gleichspannung

– Der Spannungsprüfer darf nur im Nennspannungsbereich von 12 V bis DC 500 V benutzt werden!
– Spannungsprüfer nie länger als 30 s an Spannung anlegen (maximal zulässige Einschaltdauer ED = 30 s)!
– Umfassen Sie vollflächig die isolierten Handhaben/Griffe der Prüftaster L1 und L2.
– Legen Sie die Kontaktelektroden der Prüftaster an die zu prüfenden Anlagenteile.
Leuchtet die LED auf,liegt am Prüftaster der „Plusplol" des zu prüfenden Anlageteiles.
Leuchtet die LED auf, liegt am Prüftaster der „Minuspol" des zu prüfenden Anlageteiles.
Achten Sie unbedingt darauf, dass Sie den Spannungsprüfer nur an den isolierten Handhaben der Prüftaster L1 und L2

anfassen, die Anzeigestelle nicht verdecken und die Kontaktelektroden nicht berühren!

## 6. So prüfen Sie die Drehfeldrichtung eines Drehstromnetzes

– Spannungsprüfer nur im Nennspannungsbereich 12 V bis AC 500 V benutzen!
– Die Prüfung der Drehfeldrichtung ist ab 230 V Wechselspannung (Phase gegen Phase) im geerdeten Drehstromnetz möglich.
– Umfassen Sie vollflächig die Handhaben/Griffe der Prüftaster L1 und L2.
– Legen Sie die Kontaktelektroden der Prüftaster L1 und L2 an die zu prüfenden Anlagenteile.
– Die LED bzw. das Tauchspulmesswerk müssen die Außenleiterspannung anzeigen.
– Spannungsprüfer nie länger als 30 s an Spannungen bis 500 V anlegen (maximal zulässige Einschaltdauer ED = 30 s)!
Bei Kontaktierung der beiden Kontaktelektroden an zwei in Rechtsdrehfolge angeschlossenen Phasen eines Drehstromnetzes zeigt das LCD-Display ein „R"-Symbol an. Ist bei zwei Phasen die Rechtsdrehfolge nicht gegeben, erfolgt keine Anzeige.
Die Prüfung der Drehfeldrichtung erfordert stets eine Gegenkontrolle! Zeigt das LCD-Display die Rechts-drehfolge bei zwei Phasen eines Drehstromnetzes an, sind bei der Gegenkontrolle die beiden Phasen mit vertauschten Kontaktelektroden nochmals zu kontaktieren. Bei der Gegenkontrolle muss die Anzeige im LCD-Display erlöschen. Zeigt in beiden Fällen das LCD-Display ein „R"-Symbol an, liegt eine zu schwache Erdung vor.
**Hinweis:** Die Anzeige auf dem LCD-Display kann durch ungünstige Lichtverhältnisse, Schutzkleidung und isolierende Standortgegebenheiten beeinträchtigt werden.

## 7. Allgemeine Wartung

Reinigen Sie das Gehäuse äußerlich mit einem sauberen trockenen Tuch (Ausnahme spezielle Reinigungstücher). Verwenden Sie keine Lösungs-und/oder Scheuermittel, um den Spannungsprüfer zu reinigen.

## 8. Technische Daten

–Vorschrift, zweipoliger Spannungsprüfer: IEC 61243-3
– Schutzart: IP 64, IEC 60529 (DIN 40050), auch bei Niederschlägen verwendbar!
– Nennspannungsbereich (Spannungsklasse A): 12 V bis 500 V AC/DC
– Innenwiderstand, Messkreis:180 kΩ
– Innenwiderstand, Lastkreis - beide Drucktaster betätigt!: ca. 24 kΩ
– Stromaufnahme, Messkreis: max. $I_n$ 3,2 mA (500 V)
– Stromaufnahme, Lastkreis - beide Drucktaster betätigt!: $I_S$ 0,032 A (500 V)
– Polaritätsanzeige: LED +; LED - (Anzeigegriff = Pluspolarität)
– Anzeigestufen LED: 12 V+*, 12 V-*, 24 V+, 24 V-, 50 V, 120 V (*: nur bei Betätigung beider Drucktaster).
– stufenlose Anzeige durch Anzeigepegel: 230 V – 500 V AC/DC
– max. Anzeigefehler: $U_n$ ± 15 %, ELV $U_n$ – 15 %
– Nennfrequenzbereich f: 0 bis 60 Hz, Phasen- und Drehfeldrichtungsanzeige 50/60 Hz
– Phasen- und Drehfeldrichtungsanzeige: ≥ $U_n$ 230 V
– max. zulässige Einschaltdauer: ED = 30 s (max. 500 V), 240 s Pause
– Gewicht: ca.180 g
– Verbindungsleitungslänge: ca. 900 mm
– Betriebs- und Lagertemperaturbereich: -10 °C bis +55 °C (Klimakategorie N)
– Relative Luftfeuchte: 20 % bis 96 % (Klimakategorie N)

**Bei Spannungen über 500 V bis max. 750 V im zulässigen Temperaturbereich max. ED = 10 s.**

## Testen Sie Ihre Fachkompetenz

**1.** Geben Sie in der **Tabelle** die Sicherheitszeichen und deren Bedeutung an.

| Tabelle: Zeichen und Sicherheitszeichen aus der Elektrotechnik (Auswahl) | | |
|---|---|---|
| Bild | Zeichen, Zusätze | Bedeutung |
| | | |
| | | |
| | | |
| | | |

**2.** Ein Durchlauferhitzer in einem Badezimmer muss repariert werden. Müssen alle 5 Sicherheitsregeln angewandt werden?

**3.** In welcher Reihenfolge müssen die 5 Sicherheitsregeln aufgehoben werden, wenn eine Anlage an der gearbeitet wurde, wieder eingeschaltet werden muss?

**4.** Bei einem Elektrounfall auf einer Baustelle wurde durch einen Sachverständigen festgestellt:
● Die Person, mit einem Körperwiderstand $R_K$ = 1 kΩ, stand auf dem Erdreich und berührte den Außenleiter L2.
● Die Einwirkdauer betrug mehrere Sekunden.
● Der Widerstand $R$ des Unfallstromkreises betrug 1,2 kΩ.
Berechnen Sie (Übergangswiderstände werden vernachlässigt) **a)** den Körperstrom $I_K$ und **b)** die Berührungsspannung $U_B$. **c)** Welche Körperreaktion kann nach IEC 479 eingetreten?

**5.** Auf einem elektrischen Gerät sind Symbole **(Bild)** vorhanden. **a)** Erklären Sie die Symbole. **b)** Können diese Symbole auch auf dem Elektroherd nach **Bild 2, Seite 6** vorhanden sein?

1)    2)

**Bild: Symbole**

Nachdruck, auch auszugsweise, nur mit Genehmigung des Verlages.
Copyright 2007 by Europa-Lehrmittel

## Lernsituation: Elektrische Grundgrößen an einer Stehleuchte analysieren und beschreiben

### Arbeitsauftrag 1: Untersuchen der Stehleuchte auf mögliche Fehler

**Elektrischer Stromkreis.**
In einer Elektrowerkstatt ist eine Stehleuchte zur Reparatur abgegeben worden. Die Stehleuchte **(Bild 1)** mit eingeschraubter Glühlampe leuchtet nicht mehr und soll auf mögliche Fehlerquellen untersucht werden.

1. Diskutieren Sie mit Ihrem Tischnachbarn über mögliche Fehlerursachen und listen Sie eventuelle Ursachen für das Nichtleuchten der Stehleuchte **(Bild 1)** auf.

-
- 
- 
- 
- 
- 

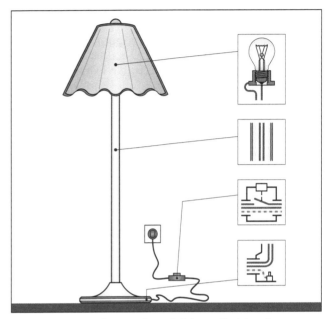

**Bild 1: Fehlersuche an einer defekten Stehleuchte**

### Arbeitsauftrag 2: Schaltzeichen ermitteln und Stromlaufplan für die Stehleuchte zeichnen

Die abgebildete Stehleuchte ist ein elektrisches Gerät (Betriebsmittel), das aus einzelnen Betriebsmitteln, z.B. Glühlampe, besteht. Zur Optimierung der Fehlersuche bzw. zur Fehlereingrenzung und auch zur besseren Übersicht ist es sinnvoll, einen Stromlaufplan für die Stehleuchte zu erstellen. Zur Darstellung von Stromlaufplänen werden genormte Schaltzeichen für die einzelnen Betriebsmittel verwendet.

1. Ermitteln Sie mithilfe Ihrer Unterlagen die benötigten genormten Schaltzeichen und tragen Sie diese in die **Tabelle** ein. Geben Sie auch die zugehörigen Bezeichnungen in englischer Sprache an.

Fachkunde Elektrotechnik, Kapitel: Elektrotechnische Grundlagen und Infoteil

**Tabelle: Benennung, Schaltzeichen und englische Fachbegriffe**

| Benennung | Spannungsquelle (Wechselspannung) | Leitung | Ausschalter | Leuchte (Glühlampe) |
|---|---|---|---|---|
| Schaltzeichen | | | | |
| Englischer Fachbegriff | | | | |

2. Ergänzen Sie in **Bild 2** den Stromlaufplan (Schaltplan) für die Stehleuchte.

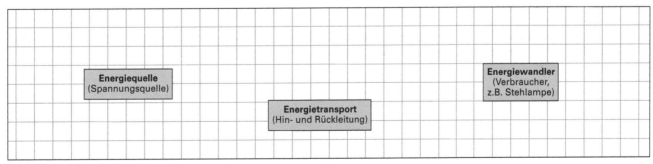

**Bild 2: Schaltplan des Stromkreises für die Stehleuchte**

## Arbeitsauftrag 3: Kenntnisse zur elektrischen Spannung aneignen

**Die elektrische Spannung.**
Die Stehleuchte von **Bild 1, Seite 13**, kann nur einwandfrei funktionieren, wenn bestimmte Voraussetzungen gegeben sind **(siehe Bild 1):**
- Vorhandensein einer Spannungsquelle,
- geschlossener Stromkreis, d.h. der Schalter ist geschlossen und ein Strom kann durch die Leitungen und durch die Glühlampe fließen,
- intakte Glühlampe (Verbraucher),
- korrekt angeschlossene Hinleitung und Rückleitung zur Stromführung.

**Für die elektrische Spannung gilt:** Eine elektrische Spannung entsteht, wenn Ladungen getrennt oder verschoben werden.

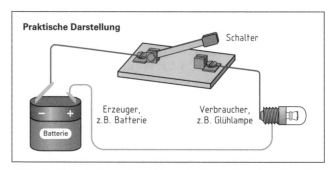

**Praktische Darstellung**

Schalter

Erzeuger, z.B. Batterie

Verbraucher, z.B. Glühlampe

Batterie

**Bild 1: Schaltplan des Stromkreises der Stehleuchte (vereinfachte Darstellung mit Batterie)**

Die Spannung ist hierbei die aufgewendete Arbeit (Energie) pro Ladungsmenge. Die erforderliche Spannung, z.B. für die Stehlampe kann dabei auf unterschiedliche Arten erzeugt werden.
In elektrischen Schaltungen ist es oft zweckmäßig, die Spannung zwischen einem bestimmten Messpunkt und einem festgelegten neutralen Bezugspunkt (Masse, 0 V) zu messen bzw. anzugeben. Diese Spannung wird auch Potenzial genannt.

1. Zeichnen Sie das Schaltzeichen eines Spannungsmessers **(Bild 2)**.

2. Ergänzen Sie die **Tabelle 1**.

**Bild 2: Schaltzeichen**

**Tabelle 1: Grundlagen der elektrischen Spannung**

| Formel-zeichen: ___ | Rechnen Sie um: | |
|---|---|---|
| | 20 mV = _____ V | 500 µV = _____ mV |
| Einheit: ___ | 0,8 V = _____ mV | 0,05 mV = _____ µV |
| Einheiten-zeichen: ___ | 6000 V = _____ kV | 380 kV = _____ V |

3. Beschreiben Sie in **Tabelle 2** drei von den sechs möglichen Arten der elektrischen Spannungserzeugung mit jeweils einem Anwendungsbeispiel und zugehöriger Erklärung.

**Tabelle 2: Arten der Spannungserzeugung**

| Spannungserzeugung durch: | Anwendungsbeispiel mit Erklärung |
|---|---|
| | |
| | |
| | |

4. Beim Messen einer elektrischen Spannung ist eine bestimmte Vorgehensweise zu beachten. Äußern Sie sich zu folgenden Punkten in **Tabelle 1** durch Ankreuzen in der Spalte „Richtig" oder „Falsch".

| Tabelle 1: Vorgehensweise beim Messen einer Gleichspannung, Handhabung von Spannungsmessern | | Richtig | Falsch |
|---|---|---|---|
| Vorgehensweise beim Messen: | Spannung abschalten, Messbereich ausreichend hoch einstellen. | | |
| | Bei unbekannter Spannung auf den mittleren Messbereich einstellen. | | |
| Anschluss eines Spannungsmessers: | Der Spannungsmesser wird immer parallel zum Erzeuger oder Verbraucher angeschlossen. | | |
| Innenwiderstand des Spannungsmessers: | Der Innenwiderstand soll möglichst hoch sein. | | |
| Höheres Potenzial: | Der Plusanschluss des Spannungsmesser wird an den Anschlusspunkt gelegt, der das höhere Potenzial hat (**im Bild 1** an +). | | |
| Niedrigeres Potenzial: | Der Minusanschluss des Spannungsmessers wird an den Anschlusspunkt gelegt, der das niedrigere Potenzial hat (**im Bild 1** an –). | | |
| Bezugspfeil und Spannung: | Die Richtung der Spannung wird durch einen Bezugspfeil dargestellt. Die Spannung ist vom niedrigeren zum höheren Potenzial gerichtet. | | |

5. An der Spannungsquelle und an den Glühlampen E1 und E2 sollen jeweils die Spannungen gemessen werden (**Bild 1**).
Vervollständigen Sie die Schaltung in **Bild 1** um drei Spannungsmesser und kennzeichnen Sie die Spannungsmesser mit Plus- und Minuspotenzial.

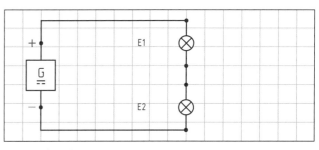

**Bild 1: Gleichspannungsmessung**

6. Geben Sie in **Tabelle 2** die Schaltzeichen für elektrische Bezugspunkte an.

| Tabelle 2: Kennzeichnung elektrischer Bezugspunkte | |
|---|---|
| Erde | Masse |
| | |
| | |
| | |

7. Geben Sie für die angegebenen Messstellen in **Bild 2** in der **Tabelle 3** die Messwerte an. Unterscheiden Sie, ob es sich um Potenziale oder eine Spannungen handelt.

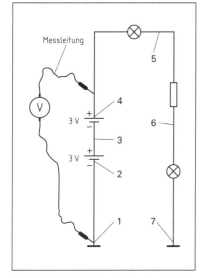

**Bild 2: Potenziale**

| Tabelle 3: Potenziale und Spannungen | | | | | | | |
|---|---|---|---|---|---|---|---|
| Mess-stelle | Mess-wert | Poten-zial | Span-nung | Mess-stelle | Mess-wert | Poten-zial | Span-nung |
| 1 – 1 | | | | 5 – 6 | 1 V | | |
| 2 – 1 | | | | 4 – 6 | | | |
| 3 – 1 | | | | 6 – 7 | | | |
| 4 – 1 | | | | 6 – 1 | | | |
| 5 – 1 | + 4 V | | | 1 – 7 | | | |
| 4 – 5 | | | | 3 – 6 | | | |

### Arbeitsauftrag 4: Kenntnisse zum elektrischen Strom aneignen

**Der elektrische Strom.**
Ein elektrischer Strom kann in der Stehleuchte von **Bild 1, Seite 13** fließen, wenn eine Spannung vorhanden ist und der Stromkreis geschlossen ist. Durch die Leitung und die Glühlampe werden dabei Elektronen bewegt, die eine Lichtwirkung in der Glühlampe verursachen **(Bild)**.

1. Vervollständigen Sie die fehlenden Angaben A bis D in dem **Bild**.

2. Zeichnen Sie das Schaltzeichen des Strommessers.

3. Ergänzen Sie die **Tabelle 1**.

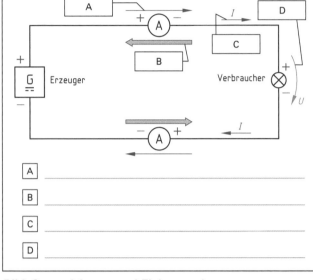

A _____

B _____

C _____

D _____

**Bild: Stromrichtung und Elektronenbewegung**

| Tabelle 1: Grundlagen des elektrischen Stromes | | |
|---|---|---|
| Formelzeichen: _____ | Rechnen Sie um: | |
| | 50 mA = _____ A | 300 µA = _____ mA |
| Einheit: _____ | 0,4 A = _____ mA | 750 A = _____ kA |
| Einheitenzeichen: _____ | 0,04 A = _____ µA | 20 kA = _____ A |

4. Beschreiben Sie in **Tabelle 2** drei von fünf möglichen Wirkungen des elektrischen Stromes mit jeweils 2 Anwendungsbeispielen.

| Tabelle 2: Wirkung des elektrischen Stromes | |
|---|---|
| Wirkungen des Stromes | Beschreibung und Anwendungsbeispiele |
| | |
| | |
| | |

Nachdruck, auch auszugsweise, nur mit Genehmigung des Verlages.
Copyright 2007 by Europa-Lehrmittel

**5.** Beim Messen eines elektrischen Stromes ist eine bestimmte Vorgehensweise zu beachten. Äußern Sie sich zu folgenden Punkten in **Tabelle 1** durch Ankreuzen in der Spalte „Richtig" oder „Falsch".

| Tabelle 1: Vorgehensweise beim Messen eines Gleichsstromes, Handhabung von Strommessern | | Richtig | Falsch |
|---|---|---|---|
| Vorgehensweise beim Messen: | Spannung abschalten. | | |
| | Bei unbekanntem Strom auf den größten Messbereich einstellen. | | |
| Anschluss eines Strommessers: | Der Strommesser wird immer parallel zum Erzeuger oder Verbraucher angeschlossen. | | |
| | Die Leitung des Stromkreises muss aufgetrennt werden, damit der Strom durch das Messgerät fließen kann. | | |
| Richtung des Bezugspfeils: | Die Richtung des Bezugspfeils weist vom Pluspol zum Minuspol (technische Stromrichtung). | | |
| Innenwiderstand des Strommessers: | Der Innenwiderstand soll möglichst hochohmig sein. | | |
| | Der Innenwiderstand soll möglichst niederohmig sein, um den Stromkreis nicht zu beeinflussen. | | |
| Stromart: | Bei Gleichstrom ist auf die Polarität zu achten. | | |

**6.** Die Stromstärke kann vor und nach dem Verbraucher gemessen werden **(Bild)**. Vergleichen Sie die beiden Stromstärken $I_1$ und $I_2$ und begründen Sie die Antwort.

_____

_____

_____

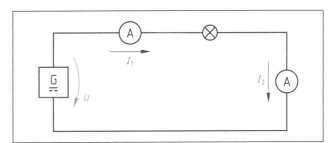

**Bild: Strommessung**

**Stromarten.**
Ströme können als Gleichstrom, Wechselstrom oder Mischstrom auftreten.

**7. a)** Ordnen Sie die Stromarten den **Bildern a bis c in der Tabelle 2** zu. **b)** Erklären Sie die jeweilige Stromart und geben Sie jeweils zwei Beispiele an.

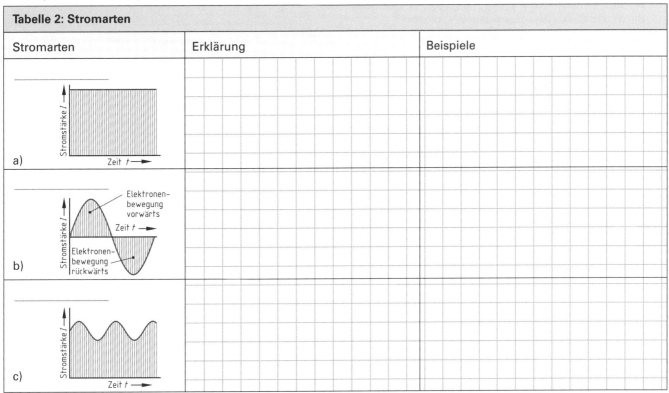

| Tabelle 2: Stromarten | | |
|---|---|---|
| Stromarten | Erklärung | Beispiele |
| a) | | |
| b) | | |
| c) | | |

## Stromdichte

Der elektrische Strom, der durch die Glühlampe der Stehleuchte fließt, bringt die Glühlampe **(Bild 1a)** zum Leuchten. Der gleiche Strom fließt auch in der Zuleitung **(Bild 1b)**.

8. Warum leuchtet die Glühwendel und warum erwärmt sich die Zuleitung nur unwesentlich?

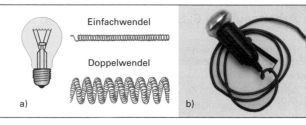

**Bild 1: Glühlampe und Zuleitung**

9. Ermitteln Sie die Stromdichte $J$ in der Glühlampenwendel ($d$ = 0,04 mm) und in der Anschlussleitung ($A$ = 0,75 mm$^2$) der Stehleuchte, wenn ein elektrischer Strom von $I$ = 0,26 A fließt.

10. Welche wesentliche Bedeutung hat die Stromdichte **a)** bei der Schmelzsicherung, **b)** bei Motoren bzw. Spulen und **c)** bei der Auswahl von Leiterquerschnitten bzw. beim Leitungsschutz?

a)

b)

c)

**Lösung zur Aufgabe 9:**

## Arbeitsauftrag 5: Kenntnisse des elektrischen Widerstandes und des Leitwertes aneignen

### Der elektrische Widerstand.

Wenn ein Strom, z.B. durch eine Zuleitung oder Glühlampe, fließt, bewegen sich Elektronen durch den Leiter **(Bild 2)**. Jeder Leiter bzw. Verbraucher setzt aber dem elektrischen Strom einen Widerstand entgegen.

1. Warum kommen die Elektronen nicht ungehindert durch den Leiter bzw. durch den Verbraucher?

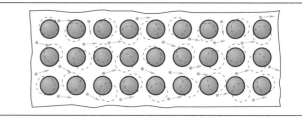

**Bild 2: Elektronenbewegung im Leiter**

2. Ergänzen Sie die Tabelle und lösen Sie die Aufgabe.

| Tabelle: Grundlagen des elektrischen Widerstandes | | |
|---|---|---|
| **Widerstand** | **Leitwert** | **Rechnen Sie um:** |
| Formel-<br>zeichen: | Formel-<br>zeichen: | 50 mΩ = _____ Ω |
| | | 0,5 S = _____ mS |
| Einheit: | Einheit: | 10 kΩ = _____ Ω |
| Einheiten-<br>zeichen: | Einheiten-<br>zeichen: | 300 µS = _____ mS |
| | | 750 Ω = _____ kΩ |

**Aufgabe:**
Geg.: $R_1$ = 0,5 Ω, $R_2$ = 50 Ω, Ges.: $G_1$, $G_2$
Lös.:

## Arbeitsauftrag 6: Schaltungen aufbauen und Messungen durchführen

**Zusammenhang zwischen Spannung, Strom und Widerstand.**
Damit die Stehleuchte von **Bild 1, Seite 13** korrekt leuchtet, muss eine Spannung $U$ anliegen und ein Strom $I$ durch die Glühlampe fließen. Der Zusammenhang zwischen Spannung, Strom und Widerstand soll mittels einer Versuchsreihe ermittelt werden **(Bild)**.
Dazu ist eine fachgerechte Handhabung von Messgeräten notwendig. Die elektrischen Größen sollen messtechnisch und rechnerisch ermittelt werden, die Messwerte protokolliert und grafisch ausgewertet werden.
Der Versuch wird jedoch nicht mit AC 230 V sondern aus Sicherheitsgründen mit einer Kleinspannung bis zu DC 12 V und mit Normwiderständen durchgeführt **(Bild und Tabelle 1)**.
Im Versuch 1 wird der Widerstand $R$ = 100 $\Omega$ konstant gehalten und die Spannung verändert.

1. Bauen Sie die Schaltung mit Ihrem Partner nach Stromlaufplan **(Bild)** mit einem Widerstand $R$ = 100 $\Omega$ auf.
2. Vor dem Einschalten der Spannung und vor Messbeginn lassen Sie bitte Ihre Schaltung durch den Lehrer oder Ausbilder prüfen.
3. Stellen Sie die Spannungen gemäß **Tabelle 2** ein, messen und protokollieren Sie die dazugehörigen Ströme.
4. Diskutieren Sie mit Ihrem Partner das Ergebnis und formulieren Sie schriftlich die Auswertung. Halten Sie eventuelle Proportionalitäten fest.

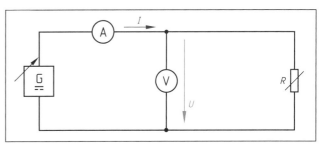

**Bild: Versuchsaufbau: Regelbare Spannungsquelle mit Lastwiderstand**

**Tabelle 1: Geräteliste**

- Einstellbare Spannungsquelle: DC 0 bis 12 V

- 2 Vielfachmessinstrumente

- Versuchswiderstände: 39 $\Omega$, 68 $\Omega$, (2 W); 100 $\Omega$, 200 $\Omega$, (1 W); 330 $\Omega$ und 510 $\Omega$ (0,5 W)

**Tabelle 2: Versuch 1 mit dem Widerstand $R$ = 100 $\Omega$**

| $U$ in V | 2 | 4 | 6 | 8 | 10 | 12 |
|----------|---|---|---|---|----|----|
| $I$ in mA | | | | | | |

**Auswertung und Teilergebnis 1:** Zusammenhang zwischen Strom und Spannung

Im Versuch 2 wird die Spannung auf $U$ = 10 V konstant gehalten und die Widerstände ausgetauscht.

5. Bauen Sie die Schaltung wie in Versuch 1 mit den Widerständen R1 bis R6 **(Tabelle 3)** auf. Schließen Sie die Widerstände R1 bis R6 nacheinander an und stellen Sie die Spannung von 10 V ein.
6. Messen und protokollieren Sie die dazugehörigen Ströme und halten Sie Ihr Ergebnis in der **Tabelle 3** und in der Auswertung fest.

**Tabelle 3: Versuch 2 mit den Widerständen R1 bis R6 bei $U$ = 10 V (konstant)**

| $R$ in $\Omega$ | 39 | 68 | 100 | 200 | 330 | 510 |
|-----------------|----|----|-----|-----|-----|-----|
| $I$ in mA | | | | | | |

**Auswertung und Teilergebnis 2:** Zusammenhang zwischen Strom und Widerstand

**7.** Fassen Sie die Teilergebnisse aus Versuch 1 und 2 zusammen und entwickeln Sie die Formel für den Strom in Abhängigkeit von der Spannung und dem Widerstand (Ohmsches Gesetz).

**Formel:**

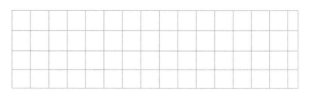

**8.** Stellen Sie die entwickelte Formel nach $R$ um und leiten Sie die Einheit für $R$ aus der Formel ab.

 Bei einem Strom von 1 A fällt an einem Widerstand von 1 Ω eine Spannung von 1 V ab.

**9.** **a)** Berechnen Sie den Strom **(Aufgabe)** und **b)** kontrollieren Sie, wenn möglich, Ihre Berechnung durch eine anschließende Messung.

**a) Aufgabe:**
Ein Widerstand von 1kΩ liegt an einer Spannung von 12 V. Berechnen Sie den Strom $I$.

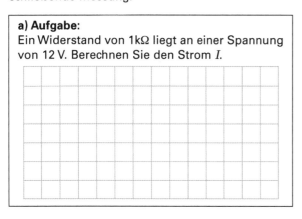

**b) Messung:**
Kontrollieren Sie die Richtigkeit des Ergebnisses durch Messen des Stromes in der Schaltung.

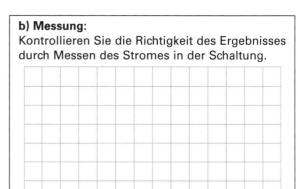

**10.** Ergänzen Sie die **Tabelle** und lösen Sie die Aufgaben 11 und 12.

| Tabelle: Formeln zum ohmschen Gesetz | | |
|---|---|---|
| $I = \dfrac{U}{R}$ | Stellen Sie die linksstehende Formel um nach: | |
| | $R =$ | $U =$ |
| $I = \dfrac{U}{R}$ | Ersetzen Sie in der linksstehenden Formel den Widerstand $R$ durch den Leitwert $G$. | |

**11.** An einer konstanten Spannung $U = 24$ V wurde der Widerstand $R = 100$ Ω um das Dreifache vergrößert. Wie hat sich die elektrische Stromstärke verändert?

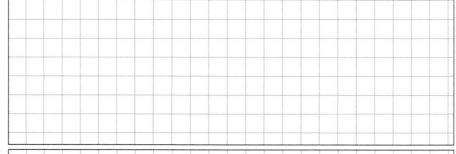

**12.** Um welchen Faktor hat sich der elektrische Widerstand $R$ verändert, wenn sich bei Verdoppelung der Spannung von $U = 12$ V auf 24 V die Stromstärke von $I = 0,1$ A auf 50 mA verringert hat.

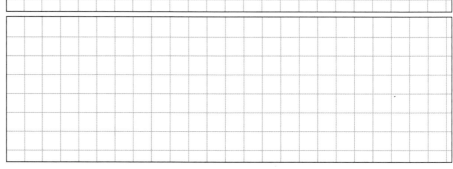

## Arbeitsauftrag 7: Messergebnisse grafisch darstellen und Kennlinien zeichnen

**Grafische Darstellung der Messergebnisse.**
Die Messergebnisse der zwei Versuche von **Seite 19** sollen grafisch mithilfe eines Diagramms (Schaubild mit X-Y-Koordinaten) dargestellt werden. Zwei Größen, die Spannung $U$ und der Strom $I$ bilden die jeweiligen Achsen.

> Die **veränderliche Größe,** z.B. $U$ wird auf der waagerechten Achse (X-Achse) und die **abhängige Größe,** z.B. $I$ auf der senkrechten Achse (Y-Achse) aufgetragen.

1. Legen Sie die Koordinaten durch Erkennen der **abhängigen Größe** und der **veränderlichen Größe** fest.
2. Zeichnen Sie die Koordinaten (Achsen) und legen Sie einen geeigneten Maßstab fest. Verwenden Sie die Werte aus den **Tabellen 2 und 3** aus den Versuchen 1 und 2 von **Seite 19**.
3. Tragen Sie die Wertepaare aus der **Tabelle 2, Seite 19** in **Bild 1** und aus **Tabelle 3, Seite 19** in **Bild 2** ein und zeichnen Sie die Kennlinien.

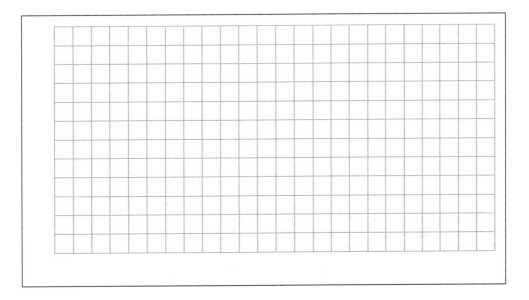

**Bild 1: Spannungs-Strom-Diagramm (Versuch 1, Seite 19)** Maßstab: 1 cm ≙ _____ ; 1 cm ≙ _____ ;

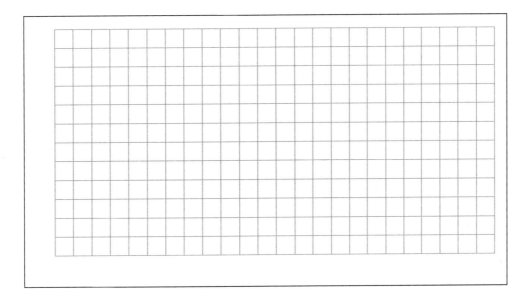

**Bild 2: Widerstands-Strom-Diagramm (Versuch 2, Seite 19)** Maßstab: 1 cm ≙ _____ ; 1 cm ≙ _____ ;

## Arbeitsauftrag 8: Ermittlung der Leistung und Belastbarkeit von Widerständen

1. Suchen Sie das Kapitel Leistung im Fachkundebuch oder Fachrechenbuch auf. Arbeiten Sie sich in das Thema ein und ergänzen Sie die **Tabelle 1**.

Die Leistung am Widerstand $R = 100\ \Omega$ aus dem **Versuch 1, Seite 19** soll ermittelt werden.

2. Übertragen Sie die gemessenen Stromwerte aus der **Tabelle 2, Seite 19** in die unten stehende **Tabelle 2**.
3. Tragen Sie die Leistung für die angegebenen Spannungen und die durch Messung ermittelten Ströme in die **Tabelle 2** ein! Berechnen Sie die Leistungsaufnahme.

**Tabelle 1: Leistung**

| Formel | Formel-zeichen | Einheit | Einheiten-zeichen |
|---|---|---|---|
|  |  |  |  |
|  |  |  |  |
|  |  |  |  |
|  |  |  |  |

**Tabelle 2: Ermittlung der Leistung**

**Beispiel:** $U = 2\ \text{V}, I = 20\ \text{mA},$ $P =$ _____ $=$ _____ $=$ _____

| $U$ in V | 2 | 4 | 6 | 8 | 10 | 12 |
|---|---|---|---|---|---|---|
| $I$ in _____ |  |  |  |  |  |  |
| $P$ in _____ |  |  |  |  |  |  |

**Grafische Darstellung der Ergebnisse aus der Tabelle 2.**
Die Abhängigkeiten der Leistung $P$ von der Spannung $U$ und der Leistung vom Strom $I$ sollen grafisch mithilfe zweier Diagramme in **Bild (Spannungs-Leistungs-Diagramm)** und in **Bild, Seite 23 (Strom-Leistungs-Diagramm)** dargestellt werden.

4. Legen Sie die abhängige Größe fest und zeichnen Sie unter Festlegen des Maßstabs die beiden Koordinaten (Achsen).
5. Tragen Sie die Wertepaare aus der **Tabelle 2** ein und zeichnen Sie die Kennlinien in das **Bild** (Spannung-Leistungs-Diagramm) und in das **Bild, Seite 23** (Strom-Leistungs-Diagramm) ein.

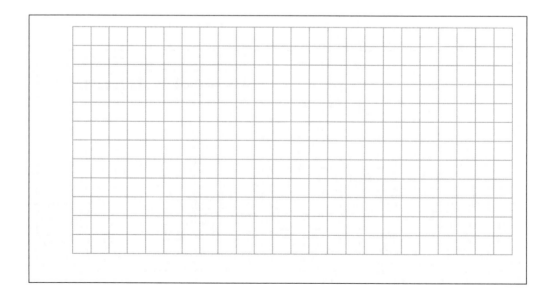

**Bild: Spannungs-Leistungs-Diagramm**     Maßstab: 1 cm ≙ _____ ; 1 cm ≙ _____ ;

Nachdruck, auch auszugsweise, nur mit Genehmigung des Verlages.
Copyright 2007 by Europa-Lehrmittel

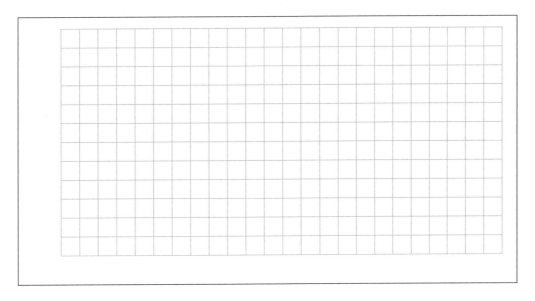

**Bild: Strom-Leistungs-Diagramm**          Maßstab: 1 cm ≙ _____ ; 1 cm ≙ _____ ;

**6.** Wie verändert sich die Leistung am gleichen Widerstand, wenn die Spannung bzw. der Strom **a)** verdoppelt und **b)** verdreifacht werden?

Verdoppelung der Spannung: _____

Verdoppelung des Stromes: _____

Verdreifachung der Spannung: _____

Verdreifachung des Stromes: _____

> **i** In den beiden Diagrammen von **Seite 22 und 23** ist zu erkennen, dass die Leistung nicht linear mit der Spannung bzw. mit dem Strom ansteigt.

**Entwicklung von Formeln mit a) Leistung, Widerstand und Spannung sowie b) Leistung, Widerstand und Strom:**

**7.** Entwickeln Sie aus der Grundformel $P = U \cdot I$ durch das Einsetzen des ohmschen Gesetzes zwei Formeln, die einen Zusammenhang zwischen **a)** $P$, $R$ und $U$ und **b)** $P$, $R$ und $I$ bilden.

**a)** Formel mit $P$, $R$ und $U$ bilden:

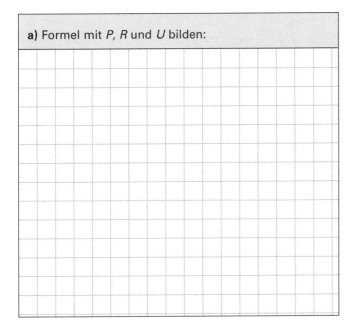

**b)** Formel mit $P$, $R$ und $I$ bilden:

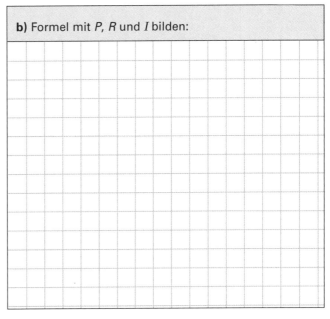

## Arbeitsauftrag 9: Überprüfung der Verlustleistungen an den Widerständen

**Überprüfung der Verlustleistung von Widerständen.**
Im **Versuch 3, Seite 19** wurden Widerstände von 39 Ω bis 510 Ω an eine konstante Spannung von $U = 10\ V$ angeschlossen und die dazugehörigen Ströme gemessen. Die am Widerstand auftretende Leistung wurde in diesem Versuch jedoch nicht beachtet.

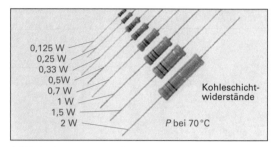

**Bild: Leistungsangaben bei Widerständen**

 Jedes Bauteil, z.B. Widerstände **(Bild)**, Dioden, Transistoren haben eine zulässige maximale Verlustleistung, die nicht überschritten werden darf. Meist wird die maximale Verlustleistung in einem Datenblatt als $P_{tot}$ (tot für total - gesamt) angegeben.

1. Übertragen Sie die gemessenen Stromwerte aus der **Tabelle 3, Seite 19** in die **Tabelle 1**.
2. Berechnen Sie die Leistung aus dem **Versuch 2, Seite 19** für die angegebenen 6 Widerstände und tragen Sie die Werte in **Tabelle 1** ein.
   **Beispiel:**    $R = 39\ \Omega$,    $I =$ _____ ,    $P =$ _____ $=$ _____ $=$ _____

| Tabelle 1: Messwerte an $U = 10\ V$ | | | | | | |
|---|---|---|---|---|---|---|
| $R$ in Ω | 39 | 68 | 100 | 200 | 330 | 510 |
| $I$ in ___ |  |  |  |  |  |  |
| $P$ in ___ |  |  |  |  |  |  |

In unseren **Versuchen 1 und 2** von **Seite 19** wurden Widerstände in der Versuchsreihe mit folgenden maximalen Verlustleistungen $P_{tot}$ (je nach Versuchsmaterial unterschiedlich) verwendet.

| Tabelle 2: Versuchswiderstände und deren maximale Verlustleistung | | | | | | |
|---|---|---|---|---|---|---|
| $R$ | 39 Ω | 68 Ω | 100 Ω | 200 Ω | 330 Ω | 510 Ω |
| $P_{tot}$ | 2000 mW | 2000 mW | 1000 mW | 1000 mW | 500 mW | 500 mW |

Die maximalen Verlustleistungen der Widerstände in unserer Versuchsreihe sollen in einem Spannungs-Strom-Diagramm dargestellt werden. Mit den zugehörigen Wertepaaren von Spannung und Strom kann mithilfe der Leistungsformel die Kennlinie für die Leistung erstellt werden. Die 6 Widerstände sollen an einer **veränderbaren Spannung bis 20 V liegen**. Die sich ergebende Kennlinie nennt man Leistungshyperbel.

 Fachkunde Elektrotechnik, Kapitel: Elektrische Leistung

3. Legen Sie die abhängige Größe fest und zeichnen Sie unter Festlegen des Maßstabs die beiden Koordinaten (Ach-sen) in **Bild 1, Seite 25** ein (Spannungsachse bis 20 V verwenden).
4. Erstellen Sie die 6 Widerstandsgeraden in **Bild 1, Seite 25** für die Widerstände von 39 Ω bis 510 Ω.
5. Zeichnen Sie die drei Leistungshyperbeln in das $U$-$I$-Diagramm **(Bild 1, Seite 25)** ein. Ergänzen Sie dazu die drei **Tabellen 3, 4** und **Tabelle 1, Seite 25** für die jeweilige maximale Verlustleistung. **(Hinweis:** Spannungsachse bis 20 V)

| Tabelle 3: Verlustleistungen $P_{tot}$ = 2000 mW für Widerstände: $R_1$, $R_2$ | | | | | | | | |
|---|---|---|---|---|---|---|---|---|
| $U$ in V |  |  |  |  |  |  |  |  |
| $I$ in mA |  |  |  |  |  |  |  |  |

| Tabelle 4: Verlustleistungen $P_{tot}$ = 1000 mW für Widerstände: $R_3$, $R_4$ | | | | | | | | |
|---|---|---|---|---|---|---|---|---|
| $U$ in V |  |  |  |  |  |  |  |  |
| $I$ in mA |  |  |  |  |  |  |  |  |

| Tabelle 1: Verlustleistungen $P_{tot}$ = 500 mW für Widerstände: $R_5$, $R_6$ | | | | | | | |
|---|---|---|---|---|---|---|---|
| $U$ in V | | | | | | | |
| $I$ in mA | | | | | | | |

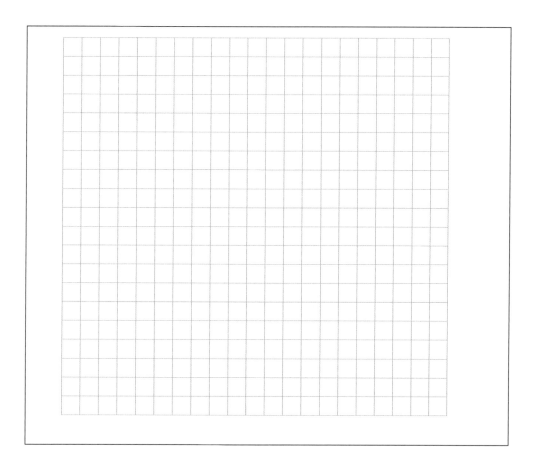

**Bild: Spannungs-Strom-Diagramm**      Maßstab: 1 cm ≙ _____ ; 1 cm ≙ _____ ;

4. Ermitteln Sie grafisch aus den Kennlinien die höchstzulässigen Werte für Spannung und Strom mithilfe der Leis-tungs-hyperbel für die jeweiligen Widerstände aus dem **Bild**.

| Aus dem Spannung-Strom-Diagramm (Bild): | | | |
|---|---|---|---|
| $R_1$ = 39 Ω: | $P_{tot}$ = | $U_{1max}$ = | $I_{1max}$ = |
| $R_2$ = 68 Ω: | $P_{tot}$ = | $U_{2max}$ = | $I_{2max}$ = |
| $R_3$ = 100 Ω: | $P_{tot}$ = | $U_{3max}$ = | $I_{3max}$ = |
| $R_4$ = 200 Ω: | $P_{tot}$ = | $U_{4max}$ = | $I_{4max}$ = |
| $R_5$ = 330 Ω: | $P_{tot}$ = | $U_{5max}$ = | $I_{5max}$ = |
| $R_6$ = 510 Ω: | $P_{tot}$ = | $U_{6max}$ = | $I_{6max}$ = |

5. Sind im **Versuch 2, Seite 19** Widerstände überlastet worden? Falls ja, begründen Sie.

## Arbeitsauftrag 10: Widerstandswerte mit dem Farbcode ermitteln

 Festwiderstände haben genormte Nennwerte die durch sogenannte **IEC**-Reihen z.B. E6, E12, E24 von der **I**nternationalen **E**lektrotechnischen **(C)** Kommission festgelegt wurden.
Die Widerstandswerte werden durch Zahlen oder durch Farbringe gekennzeichnet **(Bild 1)**.

1. Ermitteln Sie für die 6 Widerstände von 39 Ω bis 510 Ω den Farbcode (Farbschlüssel), die Toleranz, die E-Reihen und ergänzen Sie die Tabelle.

 Fachkunde Elektrotechnik, Tabellenbuch, Rechenbuch Elektrotechnik

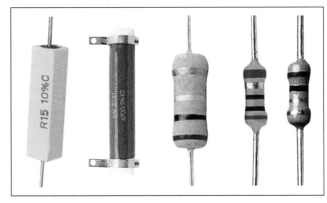

**Bild 1: Widerstandsarten**

### Tabelle: E-Reihe, Toleranz und Farbcode von Widerständen

| Widerstandswerte | E-Reihe | Toleranz | Farbcode |
|---|---|---|---|
| $R_1 = 39 \ \Omega$ | | | |
| $R_2 = 68 \ \Omega$ | | | |
| $R_3 = 100 \ \Omega$ | | | |
| $R_4 = 200 \ \Omega$ | | | |
| $R_5 = 330 \ \Omega$ | | | |
| $R_6 = 510 \ \Omega$ | | | |

2. In einer Schaltung finden Sie einen Widerstand mit fünf Farbringen **(Bild 2)**. Welche Bedeutung haben die fünf Farbringe?

1. Ring: _____

2. Ring: _____

3. Ring: _____

4. Ring: _____

5. Ring: _____

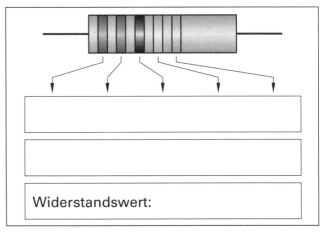

Widerstandswert:

**Bild 2: Berechnungsverfahren mit 5 Farbringen**

3. Tragen Sie das Berechnungsverfahren in **Bild 2** ein. Wie groß ist der Widerstandswert?

In einer Messschaltung wurden durch Unachtsamkeit der Spannungsmesser und der Strommesser vertauscht eingebaut **(Bild 1 und 2)**.

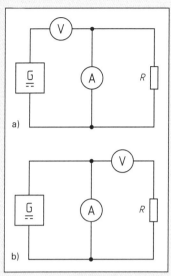

1. Welche Folgen hat das Vertauschen der Messgeräte für den Betrieb des Lastwiderstandes $R$ = 100 Ω **(Bild 1a)**?

_____

_____

_____

2. Welche Messwerte zeigen der Spannungsmesser bzw. der Strommesser **(Bild 1a)** an?

_____

_____

_____

**Bild 1: Messschaltungen mit vertauschten Messgeräten**

3. Welche Folgen hat der falsche Anschluss der Messgeräte **(Bild 1b)** für den Betrieb des Lastwiderstandes $R$ bzw. für die Messschaltung?

_____

_____

_____

_____

_____

4. Eine Kochplatte **(Bild 2)** hat eine Leistungsaufnahme von $P$ = 1500 W bei einer Wechselspannung von 230 V. Ermitteln Sie **a)** den Laststrom $I$, **b)** den Heizwiderstand $R$ und **c)** die Stromdichte in der Zuleitung, wenn eine Anschlussleitung von 3 x 1,5 mm² verlegt wurde.

**Bild 2: Kochplatte**

5. Die Kochplatte aus **Aufgabe 4,** wird über eine Verlängerungsleitung betrieben. Dadurch sinkt die Wechselspannung an der Kochplatte von 230 V auf 220 V. Welche Leistungsaufnahme hat jetzt die Kochplatte, wenn der Heizwiderstand als konstant betrachtet wird?

**6.** Für eine elektronische Schaltung soll ein Kohleschichtwiderstand ausgewählt werden. Damit die Schaltung ordnungsgemäß arbeitet, darf durch den Widerstand an DC 12 V ein Strom von maximal 40 mA und von minimal 33 mA fließen. Ermitteln Sie **a)** den notwendigen Widerstand aus der E-Reihe. **b)** Geben Sie den Farbcode an. **c)** Für welche Leistung $P_{tot}$ muss der Widerstand ausgelegt werden?

**7.** Ermitteln Sie aus dem Diagramm **(Bild 1)** der Widerstandsgeraden **a)** die Werte für die sechs Widerstände und tragen Sie die Werte in Bild 1 ein. **b)** Wie groß sind die höchstzulässigen Werte für Spannung und Strom für die Widerstände $R_3$ und $R_5$.

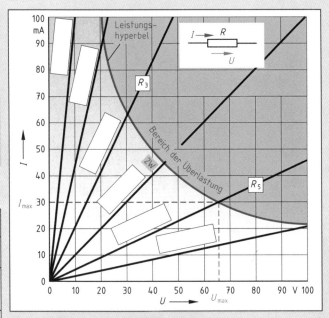

**Bild 1: Kennlinien von Widerständen**

**b)** $R_3$: $U_{3max}$ = _____   $I_{3max}$ = _____

$R_5$: $U_{5max}$ = _____   $I_{5max}$ = _____

**8.** Ergänzen Sie die Tabelle.

| Tabelle: Zusammenhang von $I$, $U$, $R$, $P$ | | | |
|---|---|---|---|
| **Stromstärke** | **Spannung** | **Widerstand** | **Leistung** |
|  | bleibt gleich | halbiert |  |
|  | halbiert | bleibt gleich |  |
|  | verdoppelt |  | vervierfacht |
| halbiert | bleibt gleich |  |  |
|  |  | verdoppelt | verdoppelt |

**9.** Ermitteln Sie den Wert des Metallschichtwiderstandes **(Bild 2)** und tragen Sie die Werte in Bild 2 ein.

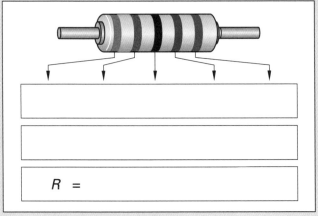

$R$ =

**Bild 2: Metallschichtwiderstand**

## Lernsituation: Überprüfen einer Lichterkette

Mike Berger ist seit dem 1. September Azubi im Beruf Elektroniker für Energie- und Gebäudetechnik bei Elektro-Fischer.

Frau Berger bittet ihren Sohn, der Elektroniker lernt, die Funktionsfähigkeit der Lichterkette für die Weihnachtsbeleuchtung zu überprüfen. Mike verspricht seiner Mutter, dass er sich die Lichterkette **(Bild)** ansehen und eventuell reparieren wird.

**Technische Daten der Lichterkette:**

– 16 Christbaumkerzen        – Glühlampe 14 V / 3 W
– Betrieb an 230 V / 50 Hz    – 10 m Lichterkette
– GS-Zeichen

**Bild: Lichterkette**

Mike nimmt die Lichterkette in Betrieb: Es leuchtet keine Glühlampe.

## Arbeitsauftrag 1: Untersuchen der Lichterkette auf mögliche Fehler

1. Notieren Sie, welche Fehler bei der Lichterkette vorhanden sein könnten.

   •
   •
   •
   •
   •
   •
   •

2. Sie vermuten, dass eine Glühlampe defekt ist. Nehmen wir an, dass sich in der Verpackung noch eine funktionsfähige Glühlampe befindet. Nacheinander ersetzen Sie nun jede Glühlampe in der Lichterkette durch die funktionsfähige Glühlampe. Diese Art der Fehlersuche nennt man „trial-and-error-Methode" (Versuch und Irrtum). Erklären Sie, wann diese Methode nicht mehr funktioniert.

3. Eine Elektrofachkraft grenzt einen Fehler in einer elektrischen Schaltung schrittweise ein. Erklären Sie, wie Sie bei der systematischen Fehlereingrenzung vorgehen.

## Arbeitsauftrag 2: Feststellen der Schaltungsart der Lichterkette

 Fachkunde Elektrotechnik, Kapitel: Grundschaltungen der Elektrotechnik

**1.** Erklären Sie, in welcher elektrischen Grundschaltung die Glühlampen der Lichterkette verschaltet sind.

_____

**2.** Tragen Sie in die Schaltung **(Bild 1)** der Lichterkette **a)** die fehlenden Betriebsmittelbezeichnungen und **b)** die elektrischen Größen Gesamtspannung, Lampenspannung an E12, Gesamtstrom und den Lampenstrom durch E9 ein.

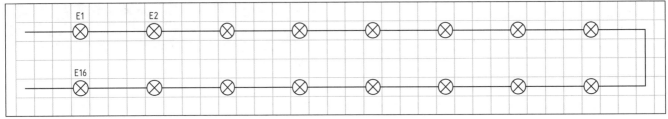

**Bild 1: Lichterkette**

**3.** Notieren Sie die wichtigsten Formeln und Gesetzmäßigkeiten der Reihenschaltung.

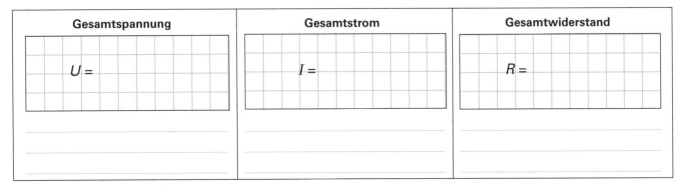

| Gesamtspannung | Gesamtstrom | Gesamtwiderstand |
|---|---|---|
| $U =$ | $I =$ | $R =$ |

**4.** Berechnen Sie die Spannung $U_L$, die beim Betrieb der funktionierenden Lichterkette an unserem Wechselspannungsnetz tatsächlich an einer Glühlampe liegt.

## Arbeitsauftrag 3: Lernen der Fachbezeichnungen und Handhabung eines Vielfachmessgerätes

 Fachkunde Elektrotechnik, Kapitel: Messtechnik

**1.** Bezeichnen Sie die Punkte **a)** bis **e)** am Messgerät **(Bild 2)**.

a) _____

b) _____

c) _____

d) _____

e) _____

**Bild 2: Messgerät**

**Regeln zur Handhabung eines Messgerätes**

> 1. Stellen Sie die richtige Messgröße ein (Strom, Spannung, Widerstand).
>
> 2. Stellen Sie zu Beginn einer Messung immer den größten Messbereich ein.
>
> 3. Protokollieren Sie Messwerte, wenn es notwendig ist.

2. Begründen Sie, welche Spannungshöhe das Messgerät anzeigt, wenn Mike die Spannung an einer funktionsfähigen Glühlampe **(Bild 1a)** der defekten Lichterkette misst.

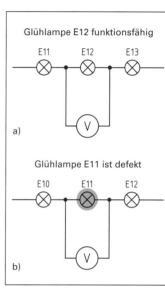

3. Welche Spannung würde das Messgerät anzeigen, wenn eine Glühlampe defekt ist und Mike die Spannung an der defekten Lampe der Lichterkette **(Bild 1b)** misst?

4. Begründen Sie, warum das Messgerät diesen Spannungswert anzeigen muss.

**Bild 1: Spannungsmessung**

**Mike hat durch Sichtprüfung und Messungen festgestellt, dass zwei Glühlampen defekt sind.**

5. Welche Auswirkung hat es, wenn Mike die beiden defekten Glühlampen mit einem Draht überbrückt?

Mike kauft Ersatzlampen. Es gibt leider nur 9 V / 3 W oder 24 V / 3 W Glühlampen. Er überlegt, welche Glühlampen ersatzweise eingeschraubt werden können, damit die Lichterkette längere Zeit funktioniert. Die Möglichkeit, jeweils zwei Glühlampen zu kaufen und zu probieren, zieht Mike als Fachmann nicht in Betracht; er möchte seine Wahl sachlich richtig treffen. Das kann nur rechnerisch erfolgen.

6. Berechnen Sie für eine Originalglühlampe, 14 V / 3 W, **a)** den Strom $I_L$ durch die Glühlampe und **b)** den Betriebswiderstand $R_W$ (Warmwiderstand).

**7.** Berechnen Sie für die zur Auswahl stehenden Glühlampen, 9 V / 3 W und 24 V / 3 W, **a)** den Bemessungsstrom $I_L$ und **b)** den Warmwiderstand $R_W$.

**8.** Berechnen Sie nun **a)** den Gesamtwiderstand $R$ und **b)** den Gesamtstrom $I$ der Reihenschaltung, wenn zwei 9 V / 3 W Glühlampen verwendet werden.

**9.** Berechnen Sie für diese Kombination die Lampenspannung an einer Originalglühlampe und an den 9 V / 3 W Glühlampen. Vergleichen Sie die Lampenspannung an der 14 V Glühlampe mit der Bemessungsspannung.

**10.** Berechnen Sie nun **a)** den Gesamtwiderstand $R$ und **b)** den Gesamtstrom $I$ der Reihenschaltung, wenn zwei 24 V / 3 W Glühlampen verwendet werden.

**11.** Berechnen Sie für diese Kombination die Lampenspannung an einer Originalglühlampe und an den 24 V / 3 W Glühlampen. Vergleichen Sie die Lampenspannung an der 24 V Glühlampe mit der Bemessungsspannung.

**12.** Begründen Sie auf Grund der berechneten Werte, welche Glühlampen Mike kaufen soll, damit die Lichterkette funktioniert.

**13.** Mike hat die 2 Ersatzlampen 9 V / 3 W eingeschraubt und die Lichterkette leuchtet wieder. Woran erkennt Mike die Ersatzlampen auf einen Blick?

## Testen Sie Ihre Fachkompetenz

**1.** Berechnen Sie die Gesamtleistung $P$, wenn die Lichterkette einwandfrei funktioniert.

**2.** Berechnen Sie den Gesamtstrom $I$ der Lichterkette im Bemessungsbetrieb.

**3.** Berechnen Sie den Gesamtwiderstand $R$ der Lichterkette im Bemessungsbetrieb.

**4.** Eine Lichterkette mit 30 Glühlampen zu je 3 W wird am öffentlichen Wechselspannungsnetz ohne Transformator betrieben. Berechnen Sie **a)** die Bemessungsspannung $U_L$ und **b)** den Bemessungsstrom $I_L$ für jedes Lämpchen.

**5.** Eine Lichterkette hat die Schutzart IP 31. Erklären Sie die Bedeutung der Buchstaben und Ziffern.

Fachkunde Elektrotechnik, Kapitel: Schutzmaßnahmen

IP 31

**6.** Ist die Lichterkette mit Schutzgrad IP 31 für den Innenbereich oder für den Außenbereich geeignet?

**7.** Eine Schutzmaßnahme in elektrischen Stromkreisen ist die Standortisolierung. Nennen Sie die elektrische Grundschaltung, wenn der Mensch Spannung führende Teile direkt berührt und erklären Sie, wie hier der Schutz des Menschen vor einem elektrischen Schlag funktioniert.

**8.** Elektrische Geräte werden bei gemeinsamem Betrieb am öffentlichen Netz nicht in Reihenschaltung betrieben. Überlegen Sie für sich, warum das so ist und notieren Sie Ihre Erkenntnisse.

## Lernsituation: Analysieren einer Halogenbeleuchtung

In einer Galerie für moderne Kunst soll in drei Räumen für die Ausleuchtung der Gemälde und Bilder eine geeignete Beleuchtungsanlage installiert werden. Der Innenarchitekt hat sich in jedem der drei Räume für ein Halogenleuchten-Seilsystem **(Bild)** entschieden. Dabei werden die einzelnen Halogenleuchten an zwei parallel laufenden Metallseilen befestigt, die auch gleichzeitig die Niedervolt-Halogenlampen mit Strom versorgen. Die beiden Metallseile sind an einer Spannungsquelle mit $U$ = 12 V Wechselspannung angeschlossen.

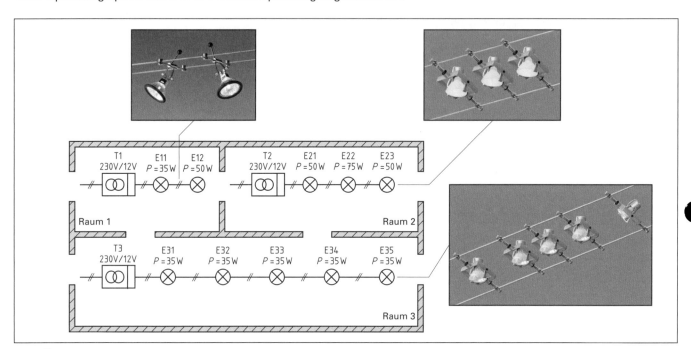

**Bild: Übersichtsschaltplan zur Installation dreier Halogenleuchten-Seilsysteme in einer Galerie**

 Um aus der Netzspannung (230 V / 50 Hz) die Betriebsspannung $U$ = 12 V für die Halogenlampen zu erzeugen, wird für jedes Seilsystem ein spezielles Vorschaltgerät benötigt. Ein solches Vorschaltgerät wandelt die 230 V Netzspannung in die erforderliche Betriebsspannung $U$ = 12 V um und wird Transformator **(Bild, Kennzeichnung T1, T2, T3)** genannt. Der Transformator ist hier die Spannungsquelle.

Ihr Meister möchte, dass Sie für die technische Analyse der Beleuchtungsanlage verschiedene Arbeitsaufträge bearbeiten.

### Arbeitsauftrag 1: Elektrische Beleuchtungsanlage beschreiben

Notieren Sie für jeden Raum die elektrischen Betriebsmittel. Als Beispiel ist Raum 1 bereits eingetragen.

**Raum 1:**

- Transformator T1

- Lampe E11, Leistung $P$ = 35 W

- Lampe E12, Leistung $P$ = 50 W

**Raum 2:**

- 
- 
- 
- 

**Raum 3:**

- 
- 
- 
- 
-

## Arbeitsauftrag 2: Stromkreis mit Schaltzeichen, Spannungen und Strömen beschreiben

Um die elektrischen Größen Spannung $U$ und Stromstärke $I$ der Lampenstromkreise in Raum 1, Raum 2 und Raum 3 darstellen zu können, soll aus dem gegebenen Übersichtsschaltplan **(Bild, Seite 34)** eine Beschreibung durch einen elektrischen Schaltplan abgeleitet werden. Dazu sollen die folgenden Aufgabenstellungen bearbeitet werden.

1. Zeichnen Sie **(Bild 1)** für den Lampenstromkreis in Raum 1 den elektrischen Schaltplan mit den angegebenen Schaltzeichen **(Bild 2)**, bestehend aus Energiequelle (Spannungsquelle), Hin- und Rückleitung, Energiewandler (Lampe).

2. Beschreiben Sie, wie die Lampen zueinander geschaltet sind.

   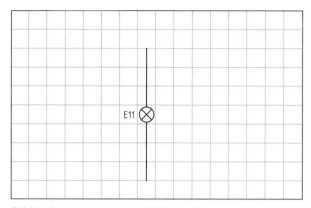

   **Bild 1: Lampenstromkreis Raum 1**

3. Tragen Sie im Schaltplan **(Bild 1)** die Gesamtspannung ($U_{ges}$), die Teilspannungen ($U_{11}$, $U_{12}$) an den Lampen, den Gesamtstrom ($I_{ges}$) und die Teilströme ($I_{11}$, $I_{12}$) durch die Lampen mit Bezeichnungen und Pfeilen ein.

   **Bild 2: Schaltzeichen**

Fachkunde Elektrotechnik, Kapitel: Grundschaltungen der Elektrotechnik

4. Vergleichen Sie in dem dargestellten Stromkreis **(Bild 1)** die Gesamtspannung mit den Teilspannungen. Welche Aussage können Sie über die Spannungen machen? Geben Sie einen Satz und eine Formel an.

   Formel:

5. Vergleichen Sie in dem dargestellten Stromkreis **(Bild 1)** den Gesamtstrom mit den Teilströmen. Welche Aussage können Sie über Gesamtstrom und Teilströme machen? Geben Sie einen Satz und eine Formel an.

   Formel:

Zur Analyse der elektrischen Eigenschaften der drei Lampenstromkreise soll nachfolgend jede einzelne Lampe durch ihren elektrischen Widerstand $R$ ersetzt werden.

6. Zeichnen Sie für jeden Stromkreis **(Bild 3, Bild 4 und Bild, folgende Seite)** den elektrischen Schaltplan mit Span-nungs-quelle, Leitungen, Widerständen. Bezeichnen Sie dabei alle Widerstände und tragen Sie die Gesamtspannung, die Teilspannungen, den Gesamtstrom und die Teilströme in den jeweiligen Schaltplan ein.

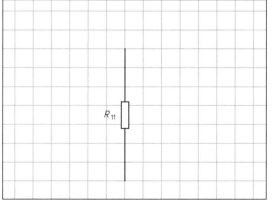

**Bild 3: Stromkreis 1 mit $R_{11}$ und $R_{12}$**

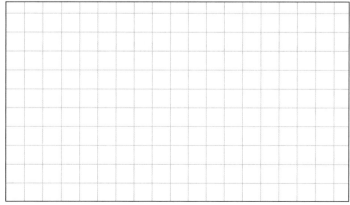

**Bild 4: Stromkreis 2 mit $R_{21}$, $R_{22}$ und $R_{23}$**

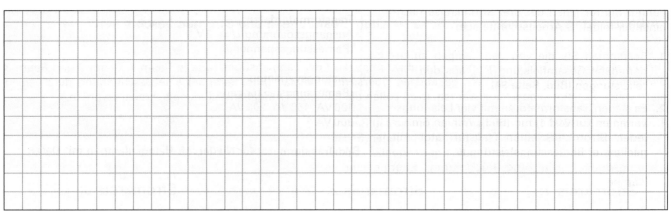

**Bild: Stromkreis 3 mit $R_{31}$, $R_{32}$, $R_{33}$, $R_{34}$ und $R_{35}$**

**7.** Beschreiben Sie, wie die Widerstände in jedem Stromkreis geschaltet sind.

**8.** Beschreiben Sie zunächst in einem Satz, was für die Spannungen in jedem der Stromkreise gilt. Geben Sie dann für jeden der drei Stromkreise eine Formel für diese Beschreibung an.

Formeln:

Stromkreis 1:     $U_{ges} =$     Stromkreis 2:     $U_{ges} =$     Stromkreis 3:     $U_{ges} =$

**9.** Welcher Zusammenhang besteht zwischen Gesamtstrom und Teilströmen in den drei Stromkreisen? Formulieren Sie zunächst einen allgemeingültigen Satz und geben Sie dann für jeden der drei Stromkreise eine Formel an.

Formeln:

Stromkreis 1:     $I_{ges} =$     Stromkreis 2:     $I_{ges} =$     Stromkreis 3:     $I_{ges} =$

**10.** Welche Besonderheit gilt für die Teilströme des Stromkreises 3?

## Arbeitsauftrag 3: Spannungsquelle auswählen

Für die Spannungsversorgung der drei Stromkreise sollen zunächst drei geeignete Transformatoren für Niedervolt-Halogensysteme **(Bild, folgende Seite)** ausgewählt werden. Dabei soll für jeden Transformator die Vorgabe beachtet werden, dass er durch die vorgegebene Lampenleistung zu mindestens 80 % seiner Bemessungsleistung ausgelastet ist.

 Fachkunde Elektrotechnik, Kapitel: Grundbegriffe der Elektrotechnik, elektrische Leistung

 Auf Transformatoren wird die Bemessungsleistung immer in der Einheit VA (Voltampere) angegeben. Vereinfacht gesagt entspricht die angegebene Bemessungsleistung eines Transformators der maximal erlaubten Gesamtleistung aller angeschlossenen Lampen in der Einheit W (Watt). Um die Lampenlebensdauer nicht zu verringern, sollte ein Transformator im Idealfall zu 100 % seiner Bemessungsleistung ausgelastet werden.

Führen Sie für jeden der drei Stromkreise nacheinander folgende Arbeitsschritte aus:

1. Bestimmen Sie die von den Lampen aufgenommene Gesamtleistung $P_{ges}$ aus den Einzelleistungen **(Bild, Seite 34)**.

2. Es stehen Transformatoren mit vier Leistungsvarianten zur Verfügung **(Bild)**. Wählen Sie für jeden Stromkreis einen Transformator mit geeigneter Bemessungsleistung aus.

**Transformatordaten:**
Ausgangsspannung $U$ = 12 V
(Bemessungsspannung)

Leistungsvarianten
(Bemessungsleistungen):
100 VA, 150 VA, 200 VA,
300 VA

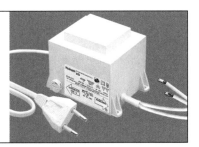

**Bild: Transformator für Niedervolt-Halogenlampen mit Daten**

| Stromkreis 1: | Stromkreis 2: | Stromkreis 3: |
|---|---|---|
| $P_{ges}$ = | $P_{ges}$ = | $P_{ges}$ = |
| Gewählt: | Gewählt: | Gewählt: |

## Arbeitsauftrag 4: Stromkreise analysieren

Zur Analyse der Stromkreise sollen für Stromkreis 1 und Stromkreis 2 **(Bild 3 und Bild 4, Seite 35)** jeweils folgende Größen berechnet werden **(Tabelle)**:
1. Alle Teilströme (Hinweis: Lampenleistung zur Berechnung verwenden)
2. Gesamtstrom
3. Alle Teilwiderstände
4. Ersatzwiderstand $R$ (Gesamtwiderstand)

 Die Teilwiderstände einer Schaltung können durch einen Ersatzwiderstand $R$ so ersetzt werden, dass dieser bei gleicher Gesamtspannung den gleichen Strom aufnimmt wie die ersetzten Teilwiderstände zusammen.

**Tabelle: Berechnungen zu den Stromkreisen**

| | Berechnungen Stromkreis 1 | Berechnungen Stromkreis 2 |
|---|---|---|
| 1. Teilströme | | |
| 2. Gesamtstrom | | |
| 3. Teilwider-stände | | |
| 4. Ersatzwider-stand $R$ | | |

Benutzen Sie die Berechnungsergebnisse der Tabelle **(Seite 37)** zur Beantwortung folgender Fragen:

1. Vergleichen Sie die Werte der Teilwiderstände mit den zugehörigen Werten der Teilströme. Durch welchen Teilwiderstand einer Parallelschaltung fließt immer der größte Strom?

2. Was gilt in der Parallelschaltung immer für den Wert des Ersatzwiderstandes in Bezug auf die Teilwiderstände?

3. Berechnen Sie für Stromkreis 1 und Stromkreis 2 folgende Verhältnisse:

Stromkreis 1: $\dfrac{Teilstrom\ 1}{Teilstrom\ 2} =$       $\dfrac{Teilwiderstand\ 2}{Teilwiderstand\ 1} =$

Stromkreis 2: $\dfrac{Teilstrom\ 2}{Teilstrom\ 3} =$       $\dfrac{Teilwiderstand\ 3}{Teilwiderstand\ 2} =$

Vergleichen Sie Strom- und Widerstandsverhältnisse in beiden Fällen. Formulieren Sie eine allgemeingültige Aussage, wie sich in einer Parallelschaltung die Teilströme im Vergleich mit den zugehörigen Teilwiderständen zueinander verhalten:

## Arbeitsauftrag 5: Leiterwiderstand bestimmen

Die Metallseile, an denen die Halogenleuchten befestigt sind, dienen gleichzeitig als Leiter des elektrischen Stromes. Bei den bisherigen Betrachtungen wurde von verlustlosen Leitern ausgegangen. Die Leiter selbst haben jedoch einen Widerstand, der von verschiedenen Größen abhängig ist.

Fachkunde Elektrotechnik, Kapitel: Leiterwiderstand

1. Beantworten Sie die folgenden Fragen und ergänzen Sie die **Tabelle.** Von welchen Größen hängt der Leiterwider-stand $R_{Ltg}$ ab? Wie hängt der Leiterwiderstand von diesen Größen ab? Welche Formel lässt sich daraus für $R_{Ltg}$ ableiten?

| Tabelle: Abhängigkeiten des Leiterwiderstandes | | | | |
|---|---|---|---|---|
| Beispiele der Leitergrößen | Größen mit Namen, Formelzeichen und Einheit | Art der Abhängigkeit | Formulierung der Propor-tionalität | Formel |
|  |  | Je größer _____ <br><br> _____ desto |  |  |
|  |  | Je größer _____ <br><br> desto _____ |  |  |
| Kupfer (Cu) <br><br> Aluminium (Al) <br><br> Eisen (Fe) |  | Je größer _____ <br><br> desto _____ |  |  |

**2.** Ermitteln Sie in Raum 3 für Hin- und Rückleiter **(Bild 1)** des Seilsystems den Leiterwiderstand $R_{Ltg}$ für zwei verschiedene Leiterwerkstoffe (Eisen und Kupfer).

**Vorgaben:**
- Leiterlänge: $l$ =12 m
- Leiterquerschnitt: $A$ = 4 mm²
- Leiterwerkstoff 1: Eisen (Fe)
- Leiterwerkstoff 2: Kupfer (Cu)

(Hinweis: Die Werte für die vom Leiterwerkstoff abhängige Größe finden Sie in Ihrem Tabellenbuch oder Fachkundebuch)

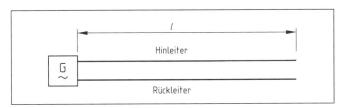

**Bild 1: Hin- und Rückleiter des Seilsystems**

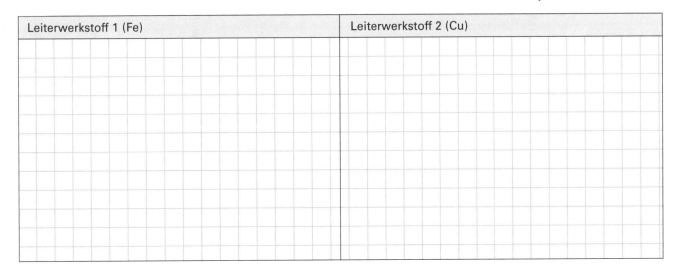

| Leiterwerkstoff 1 (Fe) | Leiterwerkstoff 2 (Cu) |
|---|---|
| | |

**3.** Welchen Leiterwerkstoff würden Sie für das Seilsystem wählen? Begründen Sie Ihre Auswahl.

**4.** Die Abhängigkeit des Leiterwiderstandes vom Leiterwerkstoff kann auch mit der elektrischen Leitfähigkeit $\gamma$ beschrieben werden. Geben Sie den Zusammenhang zwischen $\gamma$ und $\varrho$, die Einheit für $\gamma$ und die Formel zur Berechnung des Leiterwiderstandes mit $\gamma$ an.

## Arbeitsauftrag 6: Spannungsfall berücksichtigen

In der technischen Dokumentation des Halogenseilsystemherstellers heißt es:

 **Auswahl des Spannseils**

Bei vielen Leuchten und/oder bei langen Strecken empfiehlt sich der Einsatz eines Spannseils aus Kupfer mit eingearbeitetem Kevlarfaden **(Bild 2)**. Seile ohne Kevlar neigen zum Durchhängen, da sich das Kupfer im Leiter mit der Zeit dehnt. Ab 5 m Seillänge empfehlen wir den Einsatz der Kevlar-Ausführung, wenn keine Abstützung des Seils z.B. durch einen Deckenabstandshalter erfolgt.
Zur Bestimmung der erforderlichen Leiterquerschnitte ist die Abhängigkeit von der Anschlussleistung und der Leiterlänge zu berücksichtigen. Der Spannungsfall am Leiter bewirkt eine Lichtstromminderung der Leuchten. Eine Lichtstromminderung von bis zu 30 % (entspricht einem Spannungsfall von ungefähr 10 %) gilt als annehmbar.

**Bild 2: Spannseile**

Fachkunde Elektrotechnik, Kapitel: Spannungsfall an Leitungen

Für das Halogenlampensystem in Raum 3 soll ein geeigneter Leiter dimensioniert werden. Dabei wird davon ausgegangen, dass sich die Spannungsquelle am Anfang des Seilsystems befindet **(Bild)**. Außerdem wird vereinfachend angenommen, dass sich der Lastwiderstand, also der Ersatzwiderstand $R$ der fünf Lampen, am Ende der Hinleitung (Länge $l$ = 12 m) befindet.

Die beiden zusätzlich eingezeichneten Widerstände **(Bild)** stellen die Anteile des Leiterwiderstandes $R_{Ltg}$ in Hin- und Rückleitung dar.

1. Wie sind die beiden Anteile des Leiterwiderstandes und der Lastwiderstand $R$ im Stromkreis geschaltet?

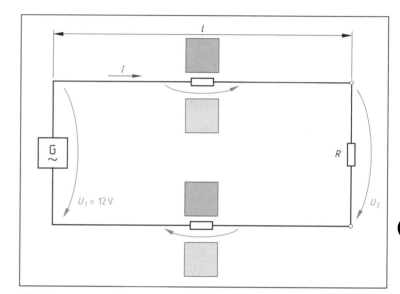

2. Bezeichnen Sie die beiden Widerstände in den markierten Feldern **(Bild)** mit ihrem anteiligen Wert von $R_{Ltg}$.

3. Ein Teil der angelegten Spannung $U_1$ fällt an Hin- und Rückleitung ab. Die Spannung, die insgesamt am Leiter abfällt, wird als **Spannungsfall** $\Delta U$ bezeichnet. Tragen Sie in die markierten Felder an den Spannungspfeilen **(Bild)** die anteilige Spannung ein.

**Bild: Spannungsfall an Leitungen**

4. Beschreiben Sie, wie sich der Spannungsfall $\Delta U$ auf die Spannung $U_2$ am Lastwiderstand $R$ auswirkt.

5. Wie wirkt sich eine Vergrößerung des Leiterwiderstandes auf den Spannungsfall $\Delta U$ aus? (Begründung angeben)

6. Welche Auswirkung hat eine Vergrößerung des Leiterstromes $I$ im Leiter auf den Spannungsfall $\Delta U$? (Begründung angeben)

7. Wenn die Spannung $U_2$ am Lastwiderstand und die angelegte Spannung $U_1$ bekannt sind, kann der Spannungsfall $\Delta U$ daraus folgendermaßen berechnet werden (Formel angeben):

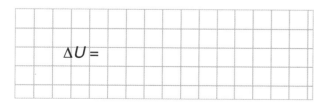

$\Delta U =$

8. Wenn der Leiterwiderstand $R_{Ltg}$ und der Leiterstrom $I$ bekannt sind, kann der Spannungsfall $\Delta U$ daraus folgendermaßen berechnet werden (Formel angeben):

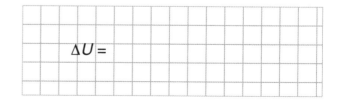

$\Delta U =$

Nachdruck, auch auszugsweise, nur mit Genehmigung des Verlages.
Copyright 2007 by Europa-Lehrmittel

9. Für den Kupferleiter des Spannseils stehen folgende Leiterquerschnitte *A* zur Verfügung:
0,75 mm²; 1 mm²; 1,5 mm²; 2,5 mm²; 4 mm²; 6 mm²; 10 mm²; 16 mm²

Welcher Leiterquerschnitt muss mindestens gewählt werden, wenn die Vorgaben **(Infokasten Seite 39)** des Herstellers eingehalten werden sollen?
(Hinweis: Der Leiterstrom *I* ergibt sich aus der zu übertragenden Leistung *P* = 175 W)

10. Durch welche Maßnahme könnte ein Leiter mit einem geringeren Leiterquerschnitt verwendet werden?

## Arbeitsauftrag 7: Sicherheitsaspekte der Beleuchtungsanlage analysieren

1. Das Berühren unter Spannung stehender Teile einer elektrischen Anlage ist gefährlich. Warum müssen die Spannseile **(Bild 2, Seite 39)** der Niedervolt-Halogenbeleuchtung nicht gegen direktes Berühren geschützt werden?

2. Auf dem Transformator **(Bild, Seite 37)** befinden sich verschiedene Kenn- und Prüfzeichen. Informieren Sie sich im Fachkundebuch, im Tabellenbuch oder im Internet über die Bedeutung der Zeichen und geben Sie eine kurze Beschreibung der Zeichen an **(Tabelle)**.

Fachkunde Elektrotechnik, Kapitel: Schutzmaßnahmen

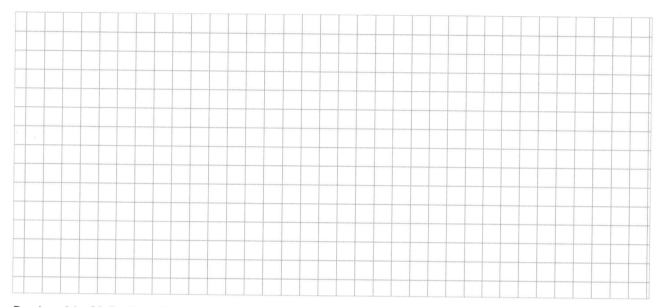

| Tabelle: Kenn- und Prüfzeichen eines Transformators | | | |
|---|---|---|---|
| (Symbol) | | (Symbol □) | |
| (Symbol D V E) | | IP 40 | |
| (Symbol GS geprüfte Sicherheit) | | (Symbol M M) | |

## Testen Sie Ihre Fachkompetenz

**1.** Warum werden im 230 V Installationsnetz die Verbraucher grundsätzlich parallel geschaltet?

**2.** Berechnen Sie für Stromkreis 3 **(Bild, Seite 36)** den Gesamtwiderstand $R$.

**3.** Bestimmen Sie für die gemischte Schaltung **(Bild)** den Ersatzwiderstand $R$. (Hinweis: Lösen Sie die Schaltung in einzelnen Schritten „von innen nach außen" in Parallel- und Reihenschaltungen auf.)

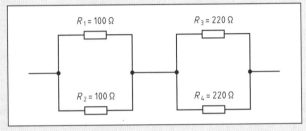

**Bild: Gemischte Schaltung**

$R_1 = 100\,\Omega$  $R_3 = 220\,\Omega$

$R_2 = 100\,\Omega$  $R_4 = 220\,\Omega$

**4.** Wie verändert sich der Leiterwiderstand $R_{Ltg}$ eines Kupferleiters, wenn die Leiterlänge $l$ verdoppelt und der Leiterquerschnitt $A$ vervierfacht wird?

**5.** Warum ist in einem Stromkreis die Spannung am Verbraucher immer kleiner als die Netzspannung der Spannungsquelle?

**6.** In elektrischen Schaltungen mit kurzen Leitungswegen wird der Spannungsfall in der Regel vernachlässigt. Begründen Sie diese Tatsache.

**7.** Ist in einem Stromkreis, bestehend aus Spannungsquelle, Leitung und Lastwiderstand, bei konstanter Netzspannung die Verlustleistung auf der Leitung bei großer oder bei kleiner Belastung größer? (Begründung angeben)

**8.** Wie wird die Spannung bei der Übertragung elektrischer Energie über große Leitungslängen (zum Beispiel bei Freileitungen) gewählt, um die Leitungsverluste möglichst klein zu halten? Begründen Sie Ihre Antwort.

## Lernsituation: Anschluss einer Partybeleuchtung

Am Freitag Abend soll eine private Party steigen. Um den Partyraum stimmungsvoller zu gestalten, sollen Lichterketten **(Bild 1)** aufgehängt werden. Mike, Azubi im 1. Ausbildungsjahr zum Elektroniker, erhält von seinen Freunden den Auftrag, Lichterketten aufzuhängen und auszuprobieren, ob alle Glühlampen funktionieren. Als Mike eine der Lichterketten ausprobiert, stellt er fest, dass einige Glühlampen nicht leuchten.

**Bild 1: Partybeleuchtung**

**Technische Daten der Lichterkette**
- 40 Glühlampen
- 8 m Zuleitung
- 7,5 m Lichterkette
- Betrieb an 230 V / 50 Hz
- Trafo VDE-geprüft
- Transformatorspannung ausgangsseitig 24 V
- Ersatzlampe 3 V/ 0,21 W
- IP 44

Fachkunde Elektrotechnik, Kapitel:
Grundschaltungen der Elektrotechnik

### Arbeitsauftrag 1: Analysieren Sie die Schaltung der Partybeleuchtung

**Mike stellt fest, dass von 40 Glühlampen 8 nicht leuchten, die anderen 32 Glühlampen funktionieren.**

1. Welche elektrischen Schaltungen wurden bei dieser Lichterkette angewendet?

2. Kontrollieren Sie den Stromlaufplan der Lichterkette. Zeichnen Sie die Bezugspfeile für die Gesamtspannung, den Gesamtstrom, die Zweigspannung im unteren Zweig, den Zweigstrom im oberen Zweig und die Spannung an der Glühlampe E17 im **Bild 2** ein.

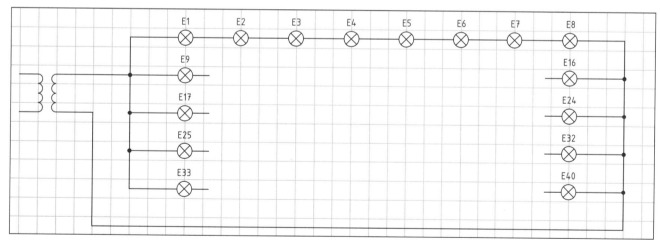

**Bild 2: Stromlaufplan der Lichterkette**

3. Wie sind die restlichen 32 Glühlampen miteinander verschaltet?

## Arbeitsauftrag 2: Berechnen von Spannung, Strom, Widerstand und Leistung in einer gemischten Schaltung

📖 Fachkunde Elektrotechnik, Kapitel: Gemischte Schaltungen

1. Beschreiben Sie die Vorgehensweise bei der Berechnung der elektrischen Größen – Widerstand, Spannung, Strom – in der hier untersuchten Lichterkette, die als gemischte Schaltung aufgebaut ist.

2. Notieren Sie für die zu untersuchende Lichterkette **a)** die Gesamtspannung, **b)** die Zweigspannung und **c)** die Spannung an jeder Glühlampe.

3. Berechnen Sie für die vorgegebene Lichterkette **a)** den Strom der durch jede Glühlampe fließt, **b)** den Strom in einem Zweig und **c)** den Gesamtstrom.

4. Berechnen Sie für die vorgegebene Lichterkette im Bemessungsbetrieb **a)** den Widerstand einer Glühlampe, **b)** den Widerstand eines Zweiges und **c)** den Gesamtwiderstand der Schaltung.

**5.** Berechnen Sie für die vorgegebene Lichterkette **a)** die Leistung in einem Zweig und **b)** die Gesamtleistung.

**6.** Erklären Sie, wie Sie messtechnisch den Widerstand einer Glühlampe im kalten Zustand bestimmen.

**7.** Wie bestimmen Sie den Warmwiderstand einer Glühlampe messtechnisch?

**8.** Messen Sie **a)** den Kaltwiderstand und **b)** bestimmen Sie den Warmwiderstand der verwendeten Glühlampen.

**9.** Warum ermittelt man bei der Widerstandsbestimmung einer Glühlampe im kalten und im warmen Zustand unterschiedliche Werte?

**10.** Die Lichterkette hat die Schutzart IP 44. Wofür stehen die Buchstaben und Ziffern?

IP 44

**11.** Begründen Sie, ob die Lichterkette für den Innenbereich, den Außenbereich oder für beide Bereiche geeignet ist.

**12.** Die untersuchte Lichterkette wird mit einem Transformator betrieben. Wie viele Leitungen müssen bei dieser Lichterkette mindestens aus dem Transformator herausgeführt werden? Begründen Sie Ihre Antwort.

Der belastete Spannungsteiler ist eine technische Anwendung der gemischten Schaltung.

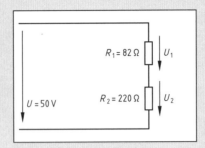

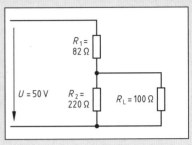

1. Berechnen Sie für den unbelasteten Spannungsteiler **(Bild 1) a)** den Strom und **b)** die Teilspannungen.

**Bild 1: Spannungsteiler, unbelastet**

**Bild 2: Spannungsteiler, belastet**

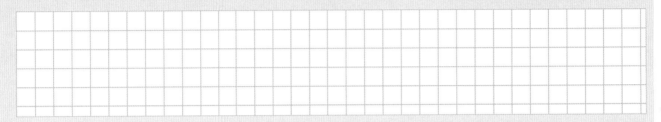

2. Berechnen Sie **a)** den Gesamtstrom und **b)** die Teilspannungen, für den Spannungsteiler **(Bild 2)** .

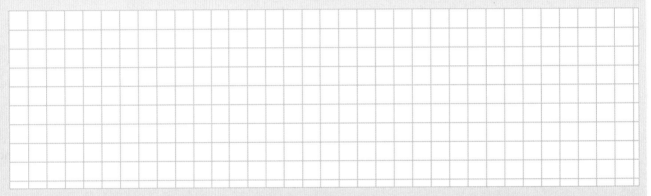

3. Eine weitere Anwendungsmöglichkeit der gemischten Widerstandsschaltung ist die Brückenschaltung von Widerständen (Messbrücke), z.B. zur Anzeige der Temperatur oder zur genauen Messung von Widerständen. Berechnen Sie den Widerstandswert für $R_3$, wenn das Messgerät keinen Ausschlag zeigt.

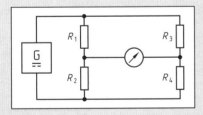

4. Bei neueren Lichterketten leuchten die Glühlampen weiter, auch wenn eine oder mehrere defekt sind. Informieren Sie sich und erklären Sie dann, wie diese Lichterketten aufgebaut sind.

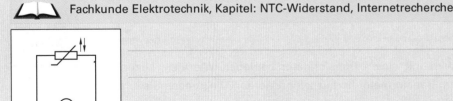

Fachkunde Elektrotechnik, Kapitel: NTC-Widerstand, Internetrecherche

5. Zeichnen Sie die Schaltung auf eine Folie und erklären Sie Ihren Mitschülern in der Klasse das Prinzip, nach dem diese Lichterketten mit NTC-Widerstand funktionieren.

## Lernsituation: Abhängigkeit der Kapazität von der Plattenfläche und dem Plattenabstand bei einem Kondensator

Die Funktionsweise einer handelsüblichen elektronischen Haushaltswaage soll analysiert werden **(Bild)**. Dabei ist besonders das Messprinzip von Bedeutung. Im Datenblatt (Infoteil) ist die Rede von einem kapazitiven Sensor. Es stellt sich nun die Frage, wie man mithilfe einer Kapazität das Gewicht messen kann.

Als Auszubildender/de im ersten Lehrjahr wissen Sie bereits, dass ein Kondensator eine Kapazität darstellt.

Ihre Aufgabe ist es nun herauszufinden, von welchen Faktoren die Kapazität eines Kondensators abhängt und in welchem Zusammenhang diese Faktoren stehen. Dazu erstellen Sie eine Formel.

**Bild: Elektronische Haushaltswaage**

**Bei der Analyse der Waage wird festgestellt:**

Nach Öffnen des Gehäuses sind unter der Waagschale zwei parallele Metallplatten zu erkennen, an denen je eine Lei-tung angeschlossen ist. Legt man ein Messobjekt auf die Waagschale, so verringert sich der Plattenabstand und das entsprechende Gewicht wird angezeigt. Entfernt man das Messobjekt wieder, gehen die Platten in ihre Ausgangsposi-tion zurück.

### Arbeitsauftrag 1: Versuch zur Ermittlung der Abhängigkeiten

1. Skizzieren Sie den prinzipiellen Aufbau eines Plattenkondensators und tragen Sie alle wichtigen geometrischen Größen ein.

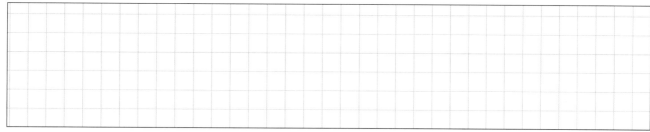

2. Von welchen geometrischen Größen könnte die Kapazität des Plattenkondensators abhängig sein?

3. Mit einem LCR-Messgerät (Induktivität-, Kapazität-, Widerstands-Messgerät) kann die Kapazität eines Kondensators bestimmt werden. Im Folgenden ist ein Auszug aus dem Datenblatt eines LCR-Messgerätes gegeben. Informieren Sie sich über Handhabung, Anschlussbestimmungen und Schaltzeichen dieses Messgeräts.

**Durchführung von Kapazitätsmessungen**

1. Entladen Sie jeden Kondensator, bevor Sie ihn mit dem Messgerät verbinden.

**Achtung!**
**Beim Kurzschließen von Kondensatoren können energiereiche Entladungen stattfinden. Vorsicht Lebensgefahr! Berühren Sie nicht die Anschlüsse bei Kondensatoren mit Span-nungen größer 35 V DC bzw. 25 V AC. Vorsicht in Räumen, in welchen sich Stäube, brenn-bare Gase, Dämpfe oder Flüssigkeiten befinden oder befinden könnten.**
**⇒ Explosionsgefahr! Führen Sie keine Messungen an Kondensatoren durch, welche in Schaltungen eingebaut sind.**

2. Verbinden Sie die beiliegenden Messleitungen mit dem Messgerät: die rote Messleitung mit der rech-ten „+"-Buchse (rot) und die schwarze Messleitung mit der rechten „–"-Buchse (schwarz) und schal-ten Sie das Messgerät ein.

3. Stellen Sie den Messfunktionsschalter auf den gewünschten Messbereich ein.

4. Verbinden Sie den zu messenden entladenen und spannungslosen Kondensator entweder mit dem Messsockel, wenn entsprechend lange Anschlussdrähte mit geringem Querschnitt vorhanden sind oder mit den Krokodilklemmen der Messleitungen, wenn es sich um Kondensatoren mit großen Kapazitäten handelt, bzw. die Anschlüsse zu kurz für den Sockel sind. Achten Sie bei Elektrolytkondensatoren auf die richtige Polarität. Verlängern Sie nicht die beiliegenden Messleitungen durch andere Leitungen. Die dabei entstehenden Leitungskapa-zitäten lassen sich nicht mit der Nullpunktkorrektur ausgleichen. Es kann deshalb zu Fehlmessungen kommen.

**4.** Planen Sie einen Versuch, mit dem die Abhängigkeit der Kapazität eines Kondensators von der Plattenfläche nachzuweisen ist. Welche Größe muss konstant gehalten werden? Welche Größe muss verändert werden?

Aus dem Versuch 1 haben sich folgende Werte ergeben:

| Versuch 1:<br>Abhängigkeit der Kapazität von der Plattenfläche<br>Plattenabstand $l$ = 2 mm = 0,002 m (konstant) | Wertetabelle: | $A$ in m² | $C$ in pF |
|---|---|---|---|
| | | 0,034 | 150 |
| | | 0,068 | 300 |
| | | 0,136 | 600 |

**5.** Formulieren Sie anhand der Messwerte aus Versuch 1 einen Erkenntnissatz (Je, desto Satz). Leiten Sie aus den Messwerten die Proportionalität her.

**6.** Planen Sie einen Versuch, mit dem die Abhängigkeit der Kapazität eines Kondensators von dem Plattenabstand nachzuweisen ist. Welche Größe muss konstant gehalten werden? Welche Größe muss verändert werden?

Aus dem Versuch 2 haben sich folgende Werte ergeben:

| Versuch 2:<br>Abhängigkeit der Kapazität von dem Plattenabstand<br>Plattenfläche $A$ = 0,068 m² (konstant) | Wertetabelle: | $l$ in m | $C$ in pF |
|---|---|---|---|
| | | 0,001 | 600 |
| | 0,002 | 300 | |
| | | 0,004 | 150 |

**7.** Formulieren Sie anhand der Messwerte aus Versuch 2 einen Erkenntnissatz (Je, desto Satz) und bilden Sie die Proportionalität.

## Arbeitsauftrag 2: Auswertung des Versuchs

 Fachkunde Elektrotechnik, Kapitel: Kondensator im Gleichstromkreis

**1.** Leiten Sie anhand der Erkenntnisse aus den Versuchen die Formel zur Berechnung der Kapazität eines Plattenkondensators her (Arbeitsblatt Seite 49, Schritte 1 bis 3).

**2.** Berechnen Sie die Proportionalitätskonstante und ersetzen Sie die Konstante durch die entsprechende physikalische Größe (Arbeitsblatt Seite 49, Schritte 4 bis 7). Ermitteln Sie den genauen Wert der Konstanten aus einem Tabellenbuch.

> ⓘ Die Kapazität eines Plattenkondensators hängt zusätzlich noch vom Dielektrikum ab. Die Zahl, die angibt, wie viel mal größer die Kapazität eines Kondensators wird, wenn statt Luft ein anderer Isolierstoff verwendet wird, heißt Permittivitätszahl $\varepsilon_r$ des betreffenden Isolierstoffes.

**3.** Vervollständigen sie die Formel zur Berechnung der Kapazität eines Plattenkondensators mit beliebigem Dielektrikum (Arbeitsblatt Seite 49, Schritt 8).

**4.** Erklären Sie das Messprinzip der elektronischen Haushaltswaage anhand der gefundenen Ergebnisse.

**Kapazität eines Plattenkondensators:**

**Schritt 1:** Einsetzen der Proportionalitäten aus den Versuchen

**Schritt 2:** Zusammenführen der Proportionalitäten.

**Schritt 3:** Gleichung bilden durch Einsetzen der Proportionalitätskonstante $k$.

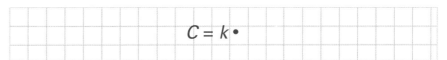

**Schritt 4:** Umstellen nach $k$ und Einheit der Proportionalitätskonstanten ermitteln.

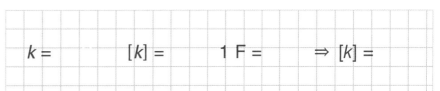

**Schritt 5:** Zahlenwert der Proportionalitätskonstante $k$ anhand von Messwerten ermitteln.
Gegeben:
$C = 300\ \text{pF} = 300 \cdot 10^{-12}\ \text{F}$
$A = 0{,}068\ \text{m}^2$
$l = 0{,}002\ \text{m}$

**Schritt 6:** Ersetzen der Proportionalitätskonstanten durch physikalische Größe.

Die Konstante hat den Namen:

Formelzeichen:

Einheit:

Genauer Wert:

**Schritt 7:** Gleichung zur Berechnung der Kapazität eines Plattenkondensators mit Luft als Dielektrikum.

$C =$

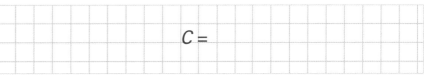

**Schritt 8:** Kapazität eines Plattenkondensators mit beliebigem Dielektrikum.

$C =$

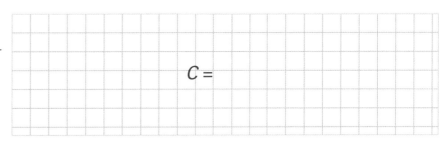

## Testen Sie Ihre Fachkompetenz

**1.** Ein Plattenkondensator mit dem Plattenabstand $l = 1$ mm hat eine Plattenfläche von $A = 40$ cm². Welche Kapazität hat der Kondensator, wenn als Dielektrikum **a)** Luft und **b)** Glimmer ($\varepsilon_r = 8$) verwendet wird?

**Tabelle: Permittivitätszahlen von Isolierstoffen**

| Isolierstoff | $\varepsilon_r$ |
|---|---|
| Luft | 1 |
| Isolieröl | 2 ... 2,4 |
| Silikonöl | 2,8 |
| Hartpapier | 4 ... 8 |
| Porzellan | 5 ... 6 |
| Glas | 4 ... 8 |
| Glimmer | 6 ... 8 |
| Polystyrol | 2,5 |
| Keramik | 10 ... 10 000 |
| Polyester | 3,3 |
| Polycarbonat | 2,8 |

**Bild 1: Folienkondensator**

**2.** Ein Folienkondensator **(Bild 1)** hat ein 1,5 µm dickes Dielektrikum aus Polyester **(Tabelle)**. Wie groß müsste die wirksame Plattenfläche eines Plattenkondensators gleicher Kapazität mit dem Dielektrikum Luft statt Polyester sein?

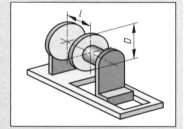

**Bild 2: Plattenkondensator**

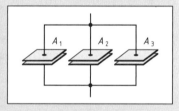

**Bild 3: Parallelschaltung**

**3.** Der Abstand $l$ zwischen den Platten eines Demonstrations-Plattenkondensators **(Bild 2)** mit dem Durchmesser $D = 28$ cm lässt sich von 0,5 mm bis 5 mm verändern. Berechnen Sie **a)** den maximal möglichen Kapazitätswert und **b)** den Abstand $l$ bei $C = 177$ pF.

**4.** Kondensatoren können in Parallelschaltung **(Bild 3)**, Reihenschaltung **(Bild 4)** oder Gruppenschaltung betrieben werden. Überlegen Sie anhand der Formel für die Kapazität eines Plattenkondensators, welche Auswirkungen die Parallel- bzw. Reihenschaltung von Kondensatoren auf die Plattenfläche, den Plattenabstand und die Ersatzkapazität (Gesamtkapazität) hat.

5. Es werden die Kondensatoren $C_1 = 0{,}47\ \mu F$ und $C_2 = 2200\ nF$ **a)** parallel und **b)** in Reihe geschaltet. Berechnen Sie für beide Fälle die Gesamtkapazität.

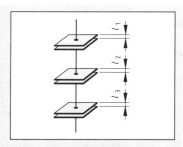

**Bild 4: Reihenschaltung**

6. Ein Kondensator von 390 pF soll mit einem zweiten in Reihe geschaltet werden, damit sich eine Ersatzkapazität von 80 pF ergibt. Berechnen Sie die Kapazität des zweiten Kondensators.

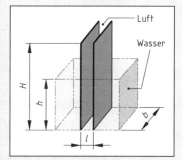

**Bild 5: Füllstandsmessung**

7. Zur Füllstandsmessung in einem Wasserbehälter **(Bild 5)** wird das Prinzip eines Plattenkondensators verwendet. Die Höhe der Kondensatorplatte beträgt $H = 2{,}2$ m, die Breite $b = 5$ cm. Der Plattenabstand ist $l = 4$ mm. Wasser hat eine Permitivitätszahl $\varepsilon_r = 80$.
**a)** Erklären sie das Prinzip der Füllstandsmessung.

**b)** Zeichnen Sie das Ersatzschaltbild aus einem Kondensator mit Wasser als Dielektrikum ($C_{Wasser}$) und einem Kondensator mit Luft ($C_{Luft}$) als Dielektrikum. Schreiben Sie die Formel zur Berechnung der Gesamtkapazität auf.

**c)** Wie berechnet sich die Kapazität von $C_{Wasser}$ und $C_{Luft}$ in Abhängigkeit der Füllhöhe h? Welchen der beiden Kondensatoren kann man vernachlässigen?

**d)** Berechnen Sie die Kapazität des Plattenkondensators bei leerem und vollem Behälter.

# Elektrische Installationen planen und ausführen

## Lernsituation: Elektroinstallation einer Fertiggarage

Der Auftrag zur Elektroinstallation eines Wohngebäudes schließt auch die Elektroinstallation einer Fertiggarage **(Bild 1)** ein. Vor der Fertigstellung der Außenanlage ist die Zuleitung zur Garage in Kabelformsteinen bis zum vorgesehenen Anschlusspunkt bereits verlegt worden. Die Elektroinstallation soll nach dem Aufstellen der Garage durch einen Auszubildenden im ersten Lehrjahr erfolgen.

### Auftragsanalyse

Zur Vorbereitung der Elektroinstallation erhält der Auszubildende von seinem Meister einen Grundrissplan der Fertiggarage, in dem die Ausstattungswünsche des Eigentümers bereits eingetragen sind **(Bild 2)**. Die Unterlagen enthalten auch einen Hinweis auf die Fertigbetonbauweise der Garage.

**Bild 1: Ansicht Garage**

### Arbeitsauftrag 1: Grundsätze der Leitungsverlegung auf Putz erarbeiten

1. Welche Installationsart ist für die Elektroinstallation in Garagen anzuwenden? Begründen Sie Ihre Aussage.

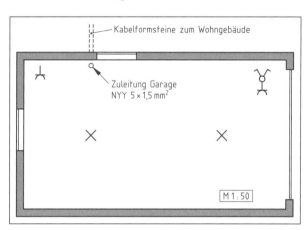

**Bild 2: Grundrissplan der Fertiggarage**

2. **a)** Welche IP-Schutzart müssen Betriebsmittel für die Feuchtrauminstallation mindestens haben?
   **b)** Welches Bildzeichen kennzeichnet diese Schutzart?

 IP-Schutzarten elektrischer Betriebsmittel Fachkunde Elektrotechnik, Kapitel: Schutzmaßnahmen.

3. Nennen Sie Leitungstypen, die für die Feuchtrauminstallation in der Garage geeignet sind.

| Tabelle: Mindestbiegeradien von fest verlegten Leitungen | | |
|---|---|---|
| Leitungs-durchmesser $d$ in mm | Mindestbiegeradius $R$ | |
| | für nicht harmonisierte Leitungen[1] | für harmonisierte flexible Leitungen[2] |
| bis 8 | $4 \cdot d$ | $4 \cdot d$ |
| über 8 mm bis 12 | $4 \cdot d$ | $5 \cdot d$ |
| über 12 mm bis 20 | $4 \cdot d$ | $6 \cdot d$ |
| über 20 | $4 \cdot d$ | $6 \cdot d$ |

[1] Z.B. NYM oder NYY mit $U_0 U \leq 0,6$ kV (DIN VDE 0298, Teil 3)
[2] Z.B. H07 RN-F (DIN VDE 0298, Teil 300)

4. Welcher Mindestquerschnitt ist für die feste Installation in Licht- und Steckdosenstromkreisen vorgeschrieben?

5. Mit welchem Mindestbiegeradius dürfen folgende Mantelleitungen gebogen werden:
   **a)** NYM 3 x 1,5 mm², **b)** NYM 7 x 1,5 mm² und **c)** NYM 5 x 10 mm²? Verwenden Sie zur Lösung die **Tabelle.**

 Außendurchmesser von Mantelleitungen **Tabelle 5, Seite 158**

6. Welcher Befestigungsabstand soll bei auf Putz verlegten Mantelleitungen mit einem Querschnitt $A = 1,5\ mm^2$ nicht überschritten werden?

7. In welchem Abstand $c$ zu Betriebsmitteln **(Bild 1)**, z.B. Schalter, Steckdosen, Abzweigdosen oder Leuchten, ordnet man die erste Befestigungsschelle an?

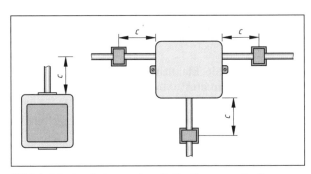

**Bild 1: Abstand der ersten Befestigungsschelle**

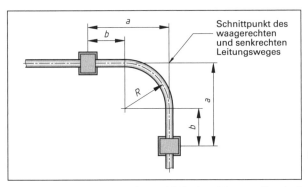

8. Als Zuleitung zu einer Schutzkontakt-Steckdose wird eine Mantelleitung NYM-J 3 x 1,5 mm² verlegt.
   **a)** Mit welchem Mindestbiegeradius $R$ **(Bild 2)** darf die Mantelleitung gebogen werden?
   **b)** In welchem Abstand $b$ zum Bogen **(Bild 2)** setzt man die erste Befestigungsschelle?
   **c)** Welcher Abstand $a$ **(Bild 2)** ergibt sich dann bei der Verlegung von Mantelleitung NYM-J 3 x 1,5 mm², gemessen vom Schnittpunkt des waagerechten und senkrechten Leitungsweges?

**Bild 2: Schellenabstände und Mindestbiegeradius bei Leitungsbögen**

9. In einer Elektroinstallation werden zwei waagerecht parallel geführte Mantelleitungen gebogen **(Bild 3)**. Innen verlegt ist eine Mantelleitung NYM 5 x 2,5 mm², außen verlegt ist eine Mantelleitung NYM 4 x 1,5 mm².
   Welche Mindestbiegeradien $R_1$ und $R_2$ sind einzuhalten?

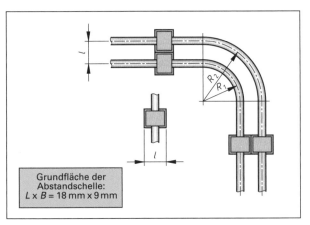

**Bild 3: Leitungsbögen bei parallel geführten Leitungen**

10. Bestimmen Sie für die Leitungsabschnitte A ... D **(Bild 4)** die erforderliche Anzahl der Abstandschellen und die Schellenabstände. Ergänzen Sie die Tabelle in **Bild 4**.

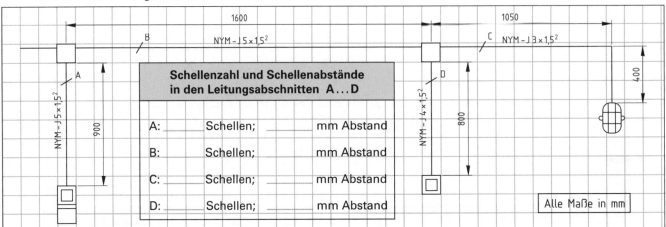

**Bild 4: Schelleneinteilung bei auf Putz verlegten Leitungen**

## Arbeitsauftrag 2: Planen der Elektroinstallation

1. Benennen Sie die Schaltzeichen in der Tabelle. Geben Sie jeweils in Klammern die englische Bezeichnung der Schaltzeichen an.

   Schaltzeichen: Fachkunde Elektrotechnik, Kapitel: Schaltungstechnik,
   Infoteil oder Tabellenbuch Elektrotechnik.

| Tabelle: Schaltzeichen für Installationsschaltungen | | |
| --- | --- | --- |
| Übersichts-schaltplan | Stromlaufplan | Bezeichnung |
| | | |
| | | |
| | | |
| | | |
| | | |
| | | |
| | | |
| | | |

2. Ergänzen Sie den Installationsschaltplan der Garage **(Bild)**. Tragen Sie nach der Bearbeitung des Stromlaufplanes **(Seite 56)** die Aderzahlen der einzelnen Leitungsabschnitte ein.

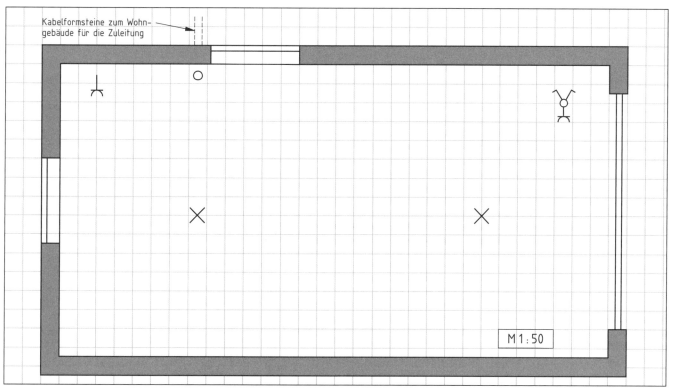

**Bild: Installationsschaltplan der Garageninstallation**

**3.** Zeichnen Sie die Stromlaufpläne der Elektroinstallation **a)** in aufgelöster und **b)** in zusammenhängender Darstellung.

 Stromlaufpläne siehe Fachkunde Elektrotechnik, Kapitel: Schaltungstechnik oder
Tabellenbuch Elektrotechnik

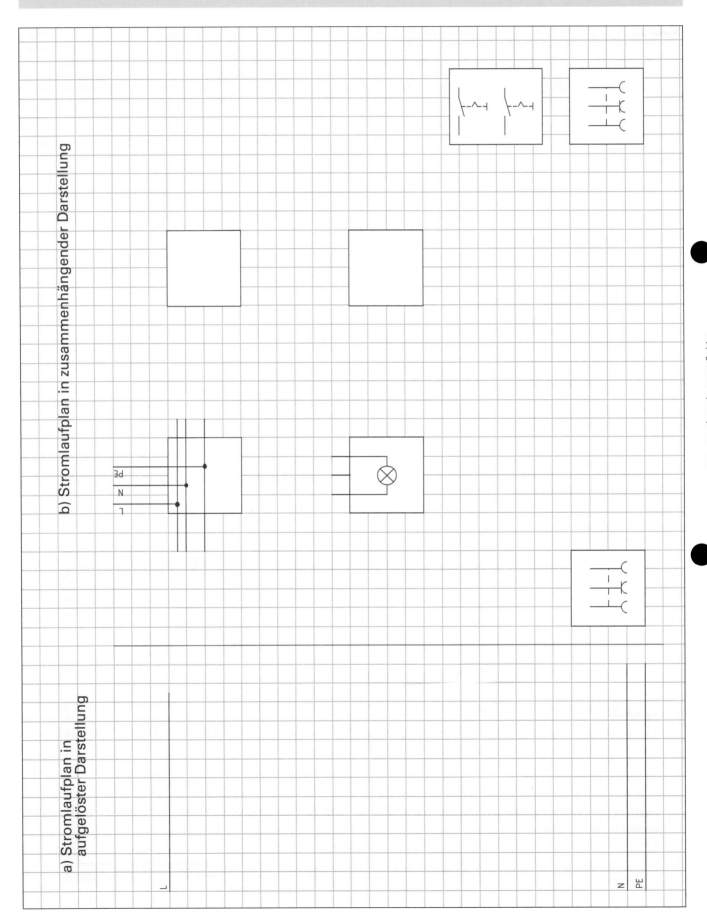

## Arbeitsauftrag 3: Materialkosten ermitteln, Material bereitstellen, Elektroinstallation der Garage ausführen und in Betrieb nehmen

1. Ermitteln Sie die Materialkosten für die Elektroinstallation der Garage. Setzen Sie für Kleinmaterialien wie Dübel, Schrauben, Dosenklemmen oder Abstandschellen zusätzlich 10 % der Materialkosten an. Entnehmen Sie dazu aus dem Installationsschaltplan **(Seite 55)** die erforderlichen Leitungslängen. Geben Sie bei der Ermittlung der Leitungslängen für jeden Anschluss 0,25 m Leitungslänge zu.

| Tabelle: Materialliste Elektroinstallation der Garage | | | | |
|---|---|---|---|---|
| Pos. | Stck. / m | Bezeichnung | Einzelpreis | Gesamtpreis |
| | | | | |
| | | | | |
| | | | | |
| | | | | |
| | | | | |
| | | | | |
| | | | | |
| | | | | |
| | | | | |
| Materialkosten: | | | | |
| Zuschlag für Kleinmaterial 10 %: | | | | |
| Materialkosten incl. Kleinmaterial: | | | | |
| Mehrwertsteuer 19 %: | | | | |
| **Gesamte Materialkosten:** | | | | |

2. Die Zuleitung zur Garage wurde bereits in Kunststoffkabel NYY 5 x 1,5 mm² verlegt. Da zunächst kein Drehstromanschluss in der Garage gewünscht ist, werden nur die Adern für L, N und PE benötigt. Welche Aderfarben werden in dem 5adrigen Kabel belegt?

3. Worauf müssen Sie beim Anschluss der Fassungen in den Leuchten achten? Begründen Sie Ihre Angabe.

## Arbeitsauftrag 4: Elektroinstallation in Betrieb nehmen

Erstprüfung elektrischer Anlagen Fachkunde Elektrotechnik, Kapitel: Schutzmaßnahmen.

1. Welche Prüfungen müssen Sie an der nun fertiggestellten Elektroinstallation vor dem Anlegen der Spannung durchführen?

2. Welche Prüfungen an der Anlage müssen Sie noch unter Aufsicht einer elektrotechnischen Fachkraft vor der Über-gabe an den Kunden ausführen?

## Testen Sie Ihre Fachkompetenz

1. Welche Leitungen eignen sich für die Elektroinstallation in feuchten Räumen, z.B. in Garagen oder in Waschküchen?

2. ˙Als Zuleitung zu der Garage wurde ein Kunststoffkabel NYY verlegt. Wäre eine Mantelleitung NYM 5 x 1,5 mm² als Zuleitung zur Garage bei Verlegung in Kabelformsteinen im Erdreich ebenfalls zulässig?

3. Welche Aderfarben wählen Sie in Wechselstromkreisen für den Außenleiter L, den Neutralleiter N und für den Schutzleiter PE?

4. Mit welchem Mindestbiegeradius darf eine Mantelleitung NYM 5 x 1,5 mm² mit einem Außendurchmesser von 11 mm gebogen werden?

5. Eine Mantelleitung **(Bild)** mit dem Außendurchmesser $d$ = 9 mm wird verlegt. **a)** Welcher Mindestbiegeradius $R$ ist einzuhalten? **b)** Welchen Abstand $a$ hat die erste Schelle gemessen vom Schnittpunkt des waagerechten und senkrechten Leitungsweges? **c)** In welchem Abstand $c$ zu den Betriebsmitteln wird die erste Schelle gesetzt? **d)** Wie viele Schellen sind im Leitungsabschnitt x **(Bild)** erforderlich?

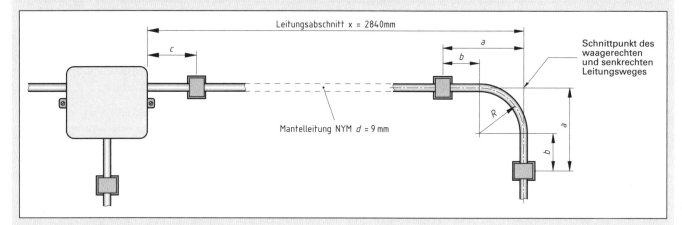

**Bild: Biegeradius und Schellenabstände**

6. Worin unterscheidet sich ein Serienschalter von einem Wechselschalter?

## Lernsituation: Elektroinstallation eines Hauswirtschaftsraumes

Im Rahmen der Elektroinstallation eines Einfamilienhauses erhalten Sie als Auszubildender von Ihrem Meister den Auftrag, die Elektroinstallation des Hauswirtschaftsraumes selbstständig zu planen, auszuführen und auch die erforderliche Dokumentation zu erstellen.
Zur Planung der Anlage erhalten Sie einen Auszug aus dem Grundrissplan für das Untergeschoss des Einfamilienhauses **(Bild)**.

### Auftragsanalyse

Vor Beginn der Installationsarbeiten findet eine Baustellenbegehung mit dem Architekten und dem Hauseigentümer statt. Dabei sollen die Ausstattungswünsche des Auftraggebers erfasst und mögliche Lösungen für die geplante Elektroinstallation festgestellt werden.

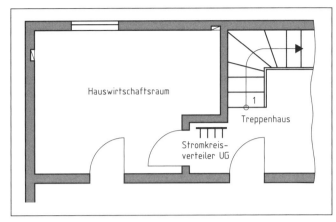

**Bild: Auszug aus dem Grundrissplan Untergeschoss**

**Bei der Baustellenbegehung wird festgestellt:**
- Die Außenwände des Hauswirtschaftsraumes sind in Sichtbeton, die Trennwände zu den angrenzenden Räumen, z.B. zum Treppenhaus, sind als Sichtmauerwerk ausgeführt.
- Nach Angabe des Architekten erhalten die Wände im Hauswirtschaftsraum nur noch einen Anstrich mit Dispersionsfarbe. Im angrenzenden Treppenhaus wird auf die Wände eine Putzschicht aufgetragen.

**Zur Ausstattung der Elektroinstallation des Hauswirtschaftsraumes äußert der Hauseigentümer folgende Wünsche:**
- Die Beleuchtung soll durch eine zentral angeordnete, von beiden Eingangstüren aus schaltbare Leuchtstofflampe erfolgen.
- Unter jeder Schaltstelle und rechts unter dem Kellerfenster **(Bild)** soll jeweils eine Schutzkontaktsteckdose ange-bracht werden.
- In der an das Treppenhaus angrenzenden Mauernische soll je ein Elektroanschluss für einen Waschvollautomaten und für einen Wäschetrockner vorgesehen werden. Beide Elektrogeräte sollen unabhängig voneinander, d.h. auch gleichzeitig, zu betreiben sein.

### Arbeitsauftrag 1: Feststellen der möglichen Installationsarten

1. Nennen Sie die anwendbaren Installationsarten, z.B. unter Putz, für die Elektroinstallation des Hauswirtschaftsraumes.

2. Halten Sie stichwortartig die Vor- und Nachteile der anwendbaren Installationsformen fest. Erklären Sie dem Hausbesitzer als Entscheidungshilfe die vorteilhaften Installationsformen.

3. Ermitteln Sie aus den Datenblättern, **Seite 158,** die Anschlusswerte der anzuschließenden Elektrogeräte.

| Waschvollautomat: |
|---|
| $P =$ _____ ; $U =$ _____ |

| Wäschetrockner: |
|---|
| $P =$ _____ ; $U =$ _____ |

4. Informieren Sie sich und geben Sie an, für welche Räume und Betriebsmittel (Geräte) in DIN 18015 eigene Stromkreise gefordert werden. Wie viele Stromkreise sind dann für die gesamte Installation des Hauswirtschaftsraumes notwendig?

Anzahl der erforderlichen Stromkreise siehe DIN 18015, Fachkunde Elektrotechnik,
Kapitel: Elektrische Anlagentechnik oder Tabellenbuch Elektrotechnik.

## Auftragsplanung

Nach der Beratung des Hauseigentümers wurden folgende Festlegungen getroffen:
- Die Elektroinstallation wird auf Putz mit tropfwassergeschützten Betriebsmitteln ausgeführt.
- Waagerecht geführte Leitungen werden im Installationskanal verlegt. Senkrecht geführte Leitungen werden in starrem
Installationsrohr verlegt.
- Zur Raumbeleuchtung wird in der Raummitte eine Leuchtstofflampe angebracht.

## Arbeitsauftrag 2: Planen der Elektroinstallation

1. **a)** Welche Installationsschaltungen eignen sich grundsätzlich für die Raumbeleuchtung des Hauswirtschaftsraumes?
**b)** Wählen Sie jetzt eine Installationsschaltung nach wirtschaftlichen Gesichtspunkten aus.

Installationsschaltungen siehe Fachkunde Elektrotechnik, Kapitel: Schaltungstechnik.

**a)**

**b)**

2. Zeichnen Sie die Stromlaufpläne in aufgelöster und in zusammenhängender Darstellung für die von Ihnen gewählte
Installationsschaltung **(Seite 61).**

Beleuchtung Hauswirtschaftsraum: Stromlaufplan in
**a)** aufgelöster Darstellung und **b)** in zusammenhängender Darstellung.

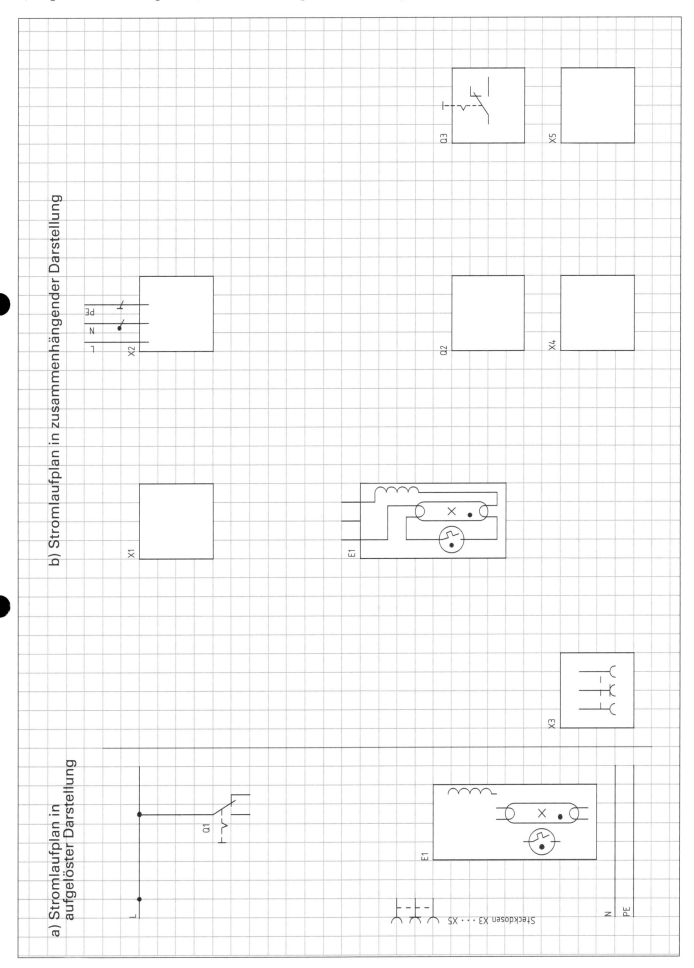

**3.** Zeichnen Sie in den Grundrissplan des Hauswirtschaftsraumes **(Bild)** den Installationsschaltplan für die Raumbeleuchtung sowie die Steckdosenleitungen für den Waschvollautomaten und den Wäschetrockner ein.

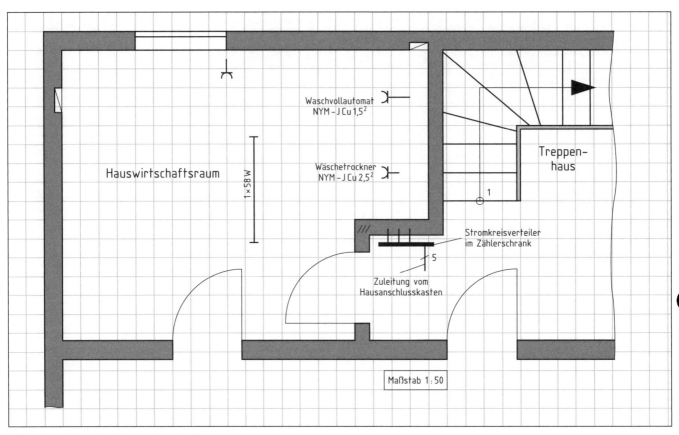

**Bild: Grundrissplan Hauswirtschaftsraum**

**4.** Welche Angaben muss ein Installationsschaltplan enthalten, um die Ausführung der Elektroinstallation eindeutig zu beschreiben?

> 📖 Installationsschaltplan, Fachkunde Elektrotechnik Kapitel: Schaltungstechnik oder
> Tabellenbuch Elektrotechnik

**5.** Ermitteln Sie aus dem Stromlaufplan in zusammenhängender Darstellung **(Seite 61)** die erforderlichen Aderzahlen in allen Leitungsabschnitten und übertragen Sie die Aderzahlen in den Installationsschaltplan **(Bild)**.

**6.** Erklären Sie die Angabe Maßstab 1: 50 im **Bild** Grundrissplan Hauswirtschaftsraum. Ermitteln Sie für den Hauswirtschaftsraum **(Bild)** die tatsächlichen Abmessungen für Raumlänge und Raumbreite in Meter.

## Arbeitsauftrag 3: Leitungsberechnung für Waschvollautomat, Wäschetrockner und Stromkreis Hauswirtschaftsraum durchführen

Grundlage zur Berechnung des zu verlegenden Leiterquerschnittes ist die Stromaufnahme $I_b$ der Verbraucher, z.B. Waschvollautomat. Der Bemessungsstrom der Überstrom-Schutzeinrichtung $I_n$ muss mindestens so groß sein wie die Stromaufnahme $I_b$ des Verbrauchers, aber immer kleiner oder höchstens gleich groß wie die Strombelastbarkeit $I_Z$ des verlegten Leiterquerschnittes.

Bei der Leitungsberechnung sind die Verlegebedingungen, z.B. abweichende Umgebungstemperatur oder Häufung von Leitungen zu berücksichtigen. Eine Anleitung zur Leitungsberechnung zeigt das **Bild**.

> Verbraucherstromaufnahme $I_b$ ≤ Bemessungsstrom $I_n$ der Schutzeinrichtung ≤ Strombelastbarkeit $I_Z$ der Leitung

1. Berechnen Sie aus den Typenschildangaben **(Infoteil, Seite 158)** die Stromaufnahme $I_b$ von Waschvollautomat und Wäschetrockner. Nehmen Sie für beide Elektrogeräte $\cos\varphi = 1$ an.

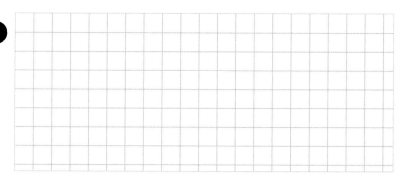

Leitungsberechnung, Fachkunde Elektrotechnik, Kapitel: Bemessung von fest verlegten Leitungen

2. Entnehmen Sie **Bild 1 und 2 Seite 158** die Bemessungsströme $I_n$ der Überstrom-Schutzeinrichtungen (Sicherungen) für **a)** den Waschvollautomat und **b)** den Wäschetrockner. **c)** Wählen Sie den Bemessungsstrom für den Stromkreis Hauswirtschaftsraum.

   **a)** Waschvollautomat: $\qquad I_n =$ _____

   **b)** Wäschetrockner: $\qquad I_n =$ _____

   **c)** Hauswirtschaftsraum: $\qquad I_n =$ _____

3. Ermitteln Sie die Verlegeart der Leitungen, die Umrechnungsfaktoren $f_1$ für eine abweichende Umgebungstemperatur $\vartheta = 25\ °C$ und $f_2$ für die Häufung von Leitungen (Infoteil **Seite 158**).

   Verlegeart: _____

   Umrechnungsfaktor $f_1$: _____

   Umrechnungsfaktor $f_2$: _____

4. Berechnen Sie die Bemessungswerte $I_r$ der Strombelastbarkeit der Leitungen zu Waschvollautomat und Wäschetrockner.

$$I_n \le I_Z; \qquad I_r = \frac{I_Z}{f_1 \cdot f_2}$$

Zuleitung Waschvollautomat:

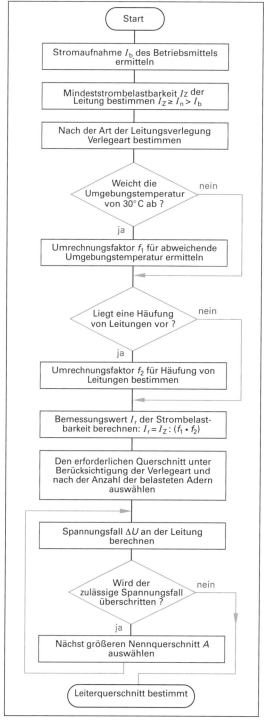

**Bild: Programmablaufplan Leitungsberechnung**

Flussdiagramm:
- Start
- Stromaufnahme $I_b$ des Betriebsmittels ermitteln
- Mindeststrombelastbarkeit $I_Z$ der Leitung bestimmen $I_Z \ge I_n > I_b$
- Nach der Art der Leitungsverlegung Verlegeart bestimmen
- Weicht die Umgebungstemperatur von 30° C ab ? — nein / ja
- Umrechnungsfaktor $f_1$ für abweichende Umgebungstemperatur ermitteln
- Liegt eine Häufung von Leitungen vor ? — nein / ja
- Umrechnungsfaktor $f_2$ für Häufung von Leitungen bestimmen
- Bemessungswert $I_r$ der Strombelastbarkeit berechnen: $I_r = I_Z : (f_1 \cdot f_2)$
- Den erforderlichen Querschnitt unter Berücksichtigung der Verlegeart und nach der Anzahl der belasteten Adern auswählen
- Spannungsfall $\Delta U$ an der Leitung berechnen
- Wird der zulässige Spannungsfall überschritten ? — nein / ja
- Nächst größeren Nennquerschnitt $A$ auswählen
- Leiterquerschnitt bestimmt

Zuleitung Wäschetrockner:

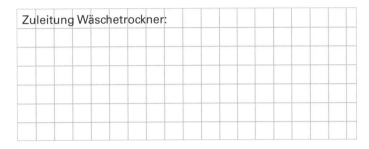

5. Überprüfen Sie, ob der für den Stromkreis Hauswirtschaftsraum gewählte Querschnitt 1,5 mm² Cu mit dem auf **Seite 63** gewählten Leitungsschutzschalter abgesichert werden kann. Bestimmen Sie dazu $I_Z$.

Zuleitung Hauswirtschaftsraum $A$ = 1,5 mm² Kupfer:

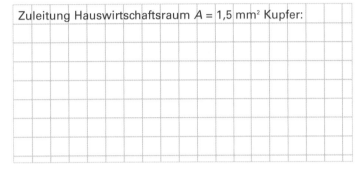

6. Bestimmen Sie aus dem Infoteil **Seite 158** oder aus Herstellerunterlagen den erforderlichen Querschnitt des Installationskanals. Planen Sie dabei eine Querschnittsreserve von ungefähr 50 % ein (Füllgrad 0,5).
Ermitteln Sie die erforderlichen Rohrweiten der Installationsrohre. Der Außendurchmesser des Installationsrohres soll mindestens dem doppelten Durchmesser der Mantelleitung entsprechen.

Kanalabmessungen, Mantelleitungen und Rohrweiten siehe Infoteil Seite 158 oder Herstellerunterlagen.

Gewählte Kanalabmessungen: _____

Gewählte Rohrweite: _____

7. Erstellen Sie die Materialliste **(Infoteil, Seite 160)** für die Installation des Hauswirtschaftsraumes und ermitteln Sie die Materialkosten.
Die Einzelpreise für das Installationsmaterial entnehmen Sie der Preisliste **(Infoteil)**. Für Kleinmaterial, z.B. Dübel, Schrauben oder Dosenklemmen, schlagen Sie den Materialkosten 10 % zu. Die Leitungslängen für waagerecht geführte Leitungen entnehmen Sie dem Grundrissplan **(Seite 62)**, die Längen senkrecht geführter Leitungen dem **Bild**. Alle Stromkreise werden vom Stromkreisverteiler im Zählerschrank **Bild Seite 62** versorgt.

8. Überprüfen Sie durch Rechnung, ob mit den geplanten Leiterquerschnitten der in DIN 18015 und DIN VDE 0100 festgelegte Grenzwert für den Spannungsfall in den drei Stromkreisen eingehalten wird. Benutzen Sie das rechte karierte Feld.

 Zulässiger Spannungsfall an Stromkreisleitungen: DIN 18015 oder Fachkunde Elektrotechnik, Kapitel: Bemessung von fest verlegten Kabeln und Leitungen.

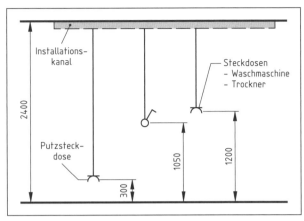

**Bild: Wandabwicklung Hauswirtschaftsraum**

 **Zur Berechnung des zulässigen Spannungsfalls an Leitungen verwendet man:**
• In unverzweigten Stromkreisen ohne Steckdosen den Bemessungsstrom des Verbrauchsmittels.
• In Steckdosenstromkreisen den Bemessungsstrom der Überstrom-Schutzeinrichtung und die Steckdosenleitung mit der größten Leitungslänge zum speisenden Verteiler.

**Spannungsfall an der Zuleitung Waschvollautomat:**

Leitungslänge:

Bemessungsstrom Leitungsschutzschalter:

**Spannungsfall an der Zuleitung Wäschetrockner:**

Leitungslänge:

Bemessungsstrom Leitungsschutzschalter:

**Spannungsfall an der Steckdose Hauswirtschaftsraum:**

Größte Leitungslänge:

Bemessungsstrom Leitungsschutzschalter:

| | | | **Materialliste Hauswirtschaftsraum** | | |
|---|---|---|---|---|---|
| Pos. | Stck. / m | Bestellnummer | Bezeichnung | Einzelpreis | Gesamtpreis |
| 1 | | | | | |
| 2 | | | | | |
| 3 | | | | | |
| 4 | | | | | |
| 5 | | | | | |
| 6 | | | | | |
| 7 | | | | | |
| 8 | | | | | |
| 9 | | | | | |
| 10 | | | | | |
| 11 | | | | | |
| 12 | | | | | |
| 13 | | | | | |
| 14 | | | | | |
| 15 | | | | | |
| 16 | | | | | |
| 17 | | | | | |
| 18 | | | | | |
| 19 | | | | | |
| 20 | | | | | |
| 21 | | | | | |
| 22 | | | | | |
| 23 | | | | | |
| 24 | | | | | |
| 25 | | | | | |
| 26 | | | | | |
| 27 | | | | | |
| 28 | | | | | |
| 29 | | | | | |
| 30 | | | | | |
| Summe Materialkosten ohne Mehrwertsteuer | | | | | |
| Zuschlag für Kleinmaterialien 10 % | | | | | |
| Summe Materialkosten incl. Kleinmaterial ohne Mehrwertsteuer: | | | | | |
| Mehrwertsteuer 19 % | | | | | |
| **Gesamte Materialkosten** | | | | | |

## Auftragsdurchführung

Informieren Sie sich in Herstellerunterlagen über die Verlegung von Installationskanälen und Installationsrohren, z.B. bei waagerechter oder senkrechter Richtungsänderung.

### Arbeitsauftrag 4: Installieren des Hauswirtschaftsraumes

1. In welchen Abständen sind **a)** Installationskanäle und **b)** Installationsrohre zu befestigen?
   **c)** Welcher Abstand soll an der Verbindungsstelle (Stoß) zwischen zwei Installationskanälen eingehalten werden?
   **d)** Welche Hilfsmittel benötigen Sie um unnötigen Verschnitt bei der Verlegung von Installationsrohren zu vermei-den?

2. Welche besonderen Werkzeuge müssen für die Installation des Hauswirtschaftraumes bereit gehalten werden?

3. Beschreiben Sie, **a)** welche Abfälle anfallen und **b)** wie Sie diese Abfälle auf der Baustelle entsorgen.

Nach DIN VDE 0100 Teil 610 sind elektrische Anlagen vor der ersten Inbetriebnahme, nach Erweiterungen, Änderun-

## Auftragskontrolle

### Arbeitsauftrag 5: Prüfen der Elektroinstallation

gen und nach einer Instandsetzung durch den Errichter zu prüfen.
1. Nennen Sie die bei der Anlagenprüfung der nach DIN VDE 0100, Teil 610 durchzuführenden Prüfungen in der richtigen

> Prüfen elektrischer Anlagen: Fachkunde Elektrotechnik, Kapitel: Schutzmaßnahmen oder Tabellenbuch Elektrotechnik

Reihenfolge.

2. In welchem Anlagenzustand wird Prüfen durch Besichtigen grundsätzlich durchgeführt? Nennen Sie Beispiele für das Prüfen durch Besichtigen.

3. Welche Messungen und Prüfungen sind an der Anlage nach erfolgter Prüfung durch Besichtigen durchzuführen?

4. **a)** Beschreiben Sie die Messung des Isolationswiderstandes am Beispiel des Beleuchtungsstromkreises.
   **b)** Welcher Mindestisolationswiderstand muss dabei erreicht werden?

   **b)** Mindestisolationswiderstand in Stromkreisen mit $U \leq 230$ V: _____

5. **a)** Ist es zulässig, den Isolationswiderstand in einem Stromkreis mit nur einer Messung zu ermitteln?
   **b)** Beschreiben Sie Ihre Vorgehensweise bei dieser Art der Isolationswiderstandsmessung.
   **c)** Wie verfahren Sie, wenn der so bestimmte Isolationswiderstand den geforderten Mindestwert unterschreitet?

6. Nach welchen Methoden kann die Schleifenimpedanz $Z_S$ bestimmt werden?

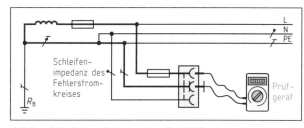

**Bild 1: Direktes Messen der Schleifenimpedanz**

7. Bei der indirekten Bestimmung der Schleifenimpedanz **(Bild 2)** sind für den mit einem Leitungsschutzschalter Typ B, 13 A abgesicherten Stromkreis folgende Messwerte ermittelt worden:

   – Spannung $U_0$ im unbelasteten Zustand 230 V;

   – bei Belastung mit $I = 8$ A beträgt die Spannung $U = 221$ V.

• Berechnen Sie auf Seite 68 für den Stromkreis **(Bild 2)** den nach DIN VDE 0100, Teil 610 zulässigen Wert der Schleifenimpedanz $Z_S$.

• Ergänzen Sie die Messschaltung **(Bild 2)** zur indirekten Bestimmung der Schleifenimpedanz $Z_S$.

• Ermitteln Sie aus den Messwerten den tatsächlichen Wert der Schleifenimpedanz.

• Sind in diesem Stromkreis die Abschaltbedingungen erfüllt? Begründen Sie Ihre Aussage.

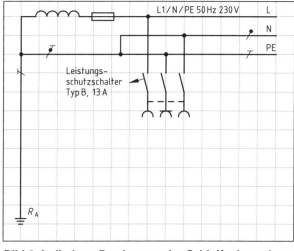

**Bild 2: Indirektes Bestimmen der Schleifenimpedanz**

Nachdruck, auch auszugsweise, nur mit Genehmigung des Verlages.
Copyright 2007 by Europa-Lehrmittel

 Fachkunde Elektrotechnik, Kapitel: Prüfen der Schutzmaßnahmen

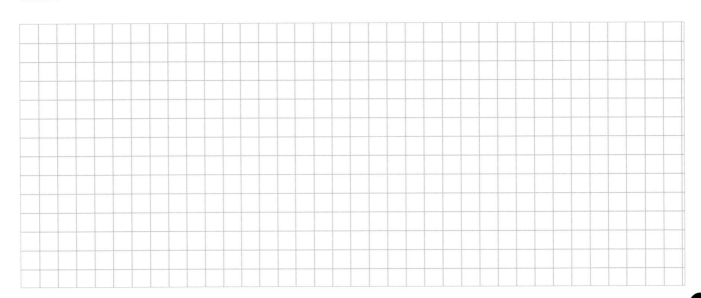

**8.** Welche weitere Prüfung führen Sie nach Abschluss der Isolationswiderstands- und der Schleifenimpedanzmessung noch durch?

## Auftragsdokumentation

 Prüfprotokolle Fachkunde Elektrotechnik, Kapitel: Schutzmaßnahmen oder Tabellenbuch Elektrotechnik

Nach Abschluss aller Arbeiten soll dem Auftraggeber eine Dokumentation der erstellten Elektroanlage übergeben werden. Sie enthält neben den Messergebnissen im Abnahmeprotokoll auch die Schaltpläne der Anlage. Die Unterlagen erleichtern später Wartungsarbeiten oder Erweiterungen an der Anlage.

### Arbeitsauftrag 6: Erstellen der Dokumentation

**1.** In welchen Unterlagen halten Sie die Ergebnisse der Anlagenprüfung fest?

**2.** Welche Unterlagen bereiten Sie zur Übergabe an den Kunden vor?

**3.** An welcher Stelle sollen diese Unterlagen verwahrt werden? Begründen Sie Ihre Antwort.

**4.** Welche Folgeprüfungen an der elektrischen Anlage schlagen Sie dem Kunden vor, damit er, z.B. gegenüber Gebäudeversicherungen, den ordnungsgemäßen Zustand seiner elektrischen Anlage nachweisen kann?

1. Nennen Sie die für den Elektroniker wichtigsten Verlegearten.

2. In einem Installationskanal sind folgende Mantelleitungen gemeinsam verlegt:
   Zwei Mantelleitungen NYM 3 x 1,5 mm², eine Leitung NYM 5 x 2,5 mm² und zwei Leitungen NYM 5 x 1,5 mm².
   Bestimmen Sie den erforderlichen Kanalquerschnitt. Planen Sie eine Querschnittsreserve von ungefähr 50 % ein.

3. Begründen Sie, warum eine Mantelleitung in der Verlegeart C höher belastet werden kann als eine Mantelleitung gleichen Querschnitts in der Verlegeart A2.

4. Welchen Bemessungstrom $I_n$ muss ein Leitungsschutzschalter (LS-Schalter) im Stromkreis für ein Heizgerät mit einer Leistungsaufnahme $P = 2,5$ kW bei $U = 230$ V haben?

5. Erklären Sie die Zusammenhänge zwischen der Strombelastbarkeit $I_Z$ einer Leitung, der Stromaufnahme $I_b$ eines Verbrauchers und dem Bemessungsstrom $I_n$ einer Überstrom-Schutzeinrichtung.

6. Eine Mantelleitung NYM-J 3 x 1,5 mm² ist gemeinsam mit drei weiteren Stromkreisleitungen in einem Installationskanal verlegt. Die mittlere Umgebungstemperatur beträgt $\vartheta_u = 25$ °C.

   a) Bestimmen Sie den Bemessungswert der Strombelastbarkeit $I_r$ der Mantelleitung für die in DIN VDE 0298 festgelegte Bezugstemperatur $\vartheta = 30$ °C **(Infoteil Seite 157)**.

   b) Ermitteln Sie den Umrechnungsfaktor $f_1$ für eine Umgebungstemperatur $\vartheta_u = 25$ °C **(Infoteil, Seite 158)** und den Umrechnungsfaktor $f_2$ bei der angegebenen Häufung von Leitungen.

   c) Berechnen Sie die Strombelastbarkeit $I_Z$ der Leitung für die Umgebungstemperatur $\vartheta_u = 25$ °C und bei der angegebenen Häufung von Leitungen.

   d) Welcher höchste Bemessungsstrom $I_n$ der Überstrom-Schutzeinrichtung ist zum Absichern der Mantelleitung zulässig?

📖 Tabellen zur Leitungsberechnung Seite 158

a) _____

_____

b) _____

c) _____

d) _____

**7.** In einem Flur sind die beiden Deckenleuchten gleichzeitig von zwei Schaltstellen aus schaltbar. Unter jeder Schaltstelle ist eine Schutzkontaktsteckdose angebracht **(Bild 1)**.
- Welche Installationsschaltungen eignen sich für diese Schaltaufgabe?
- Mit welcher Installationsschaltung ergibt sich der geringste Schaltungsaufwand?
- Ergänzen Sie im Übersichtsschaltplan **(Bild 1)** die Schaltzeichen der Schaltstellen nach Ihrem Lösungsvorschlag.
- Tragen Sie im Übersichtsschaltplan **(Bild 1)** in allen Leitungsabschnitten die Aderzahlen ein.

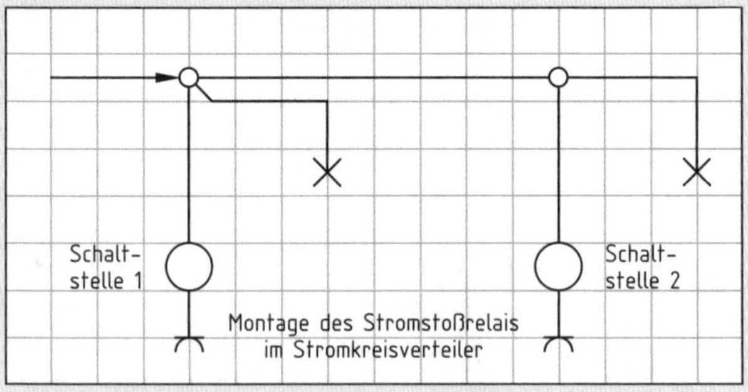

Schalt-stelle 1   Schalt-stelle 2

Montage des Stromstoßrelais im Stromkreisverteiler

**Bild 1: Übersichtsschaltplan Flurbeleuchtung**

**8.** Nach DIN VDE 0100, Teil 610 sind elektrische Anlagen vor der ersten Inbetriebnahme zu prüfen. Welche Prüfungen sind dabei an der Anlage durchzuführen?

_____

_____

_____

_____

_____

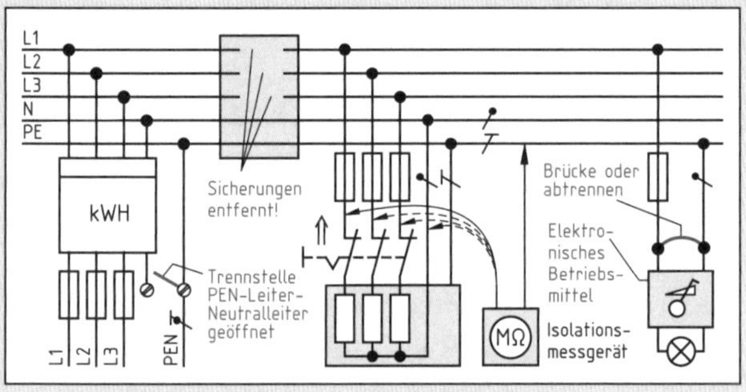

L1
L2
L3
N
PE

kWH

Sicherungen entfernt!

Trennstelle PEN-Leiter-Neutralleiter geöffnet

Brücke oder abtrennen

Elektronisches Betriebsmittel

Isolations-messgerät

**Bild 2: Isolationswiderstandsmessung**

**9.** An einer CEE-Steckdose wurde eine Schleifenimpedanz $Z_S$ = 1,3 Ω ermittelt. Der Querschnitt der Steckdosenlei-tung beträgt 2,5 mm² Kupfer. Sie ist mit einem LS-Schalter Typ B, $I_n$ = 20 A abgesichert. Ist der durch Messung ermittelte Wert $Z_S$ zulässig?

**10.** In einer Anlage **(Bild 2)** soll der Isolationswiderstand gemessen werden.
a) Zwischen welchen Leitern der Stromkreise muss der Isolationswiderstand gemessen werden?
b) In welchem Anlagenzustand wird der Isolationswiderstand grundsätzlich gemessen?

a) _____

b) _____

Nachdruck, auch auszugsweise, nur mit Genehmigung des Verlages.
Copyright 2007 by Europa-Lehrmittel

## Steuerungen analysieren und anpassen

## Lernsituation: Analyse und Steuerung einer Palettenförderbandanlage

In einem Betrieb soll eine Förderbandanlage zum Transport von Fertigteilen gewartet werden. Um Reparatur- bzw. Wartungsarbeiten an z.B. Transport- und Fördereinrichtungen **(Bild 1)** vornehmen zu können, muss sich der Elektroniker mit diesen Anlagen vertraut machen und sich mit der Funktionsweise der jeweiligen Anlage und den einzelnen Komponenten auseinander setzen.

Da in der Praxis eine Vielzahl von unterschiedlichen Förderbandanlagen vorhanden sind, soll in unserem Beispiel an Hand eines Modells einer Palettenförderbandanlage **(Bild 1)** die Funktionsweise der Anlage untersucht und in eine Steuerungstechnik umgesetzt werden.

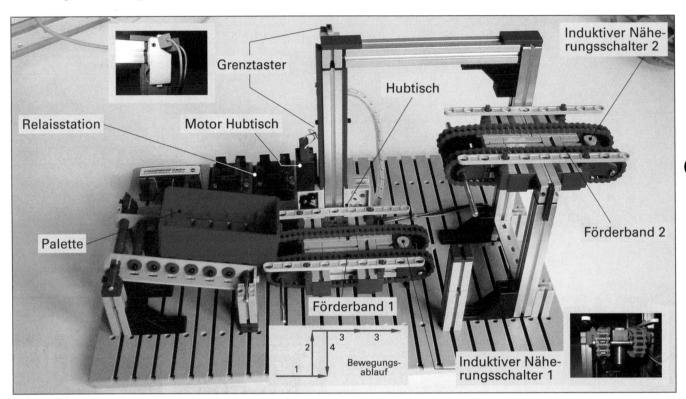

**Bild 1: Modell einer Palettenförderbandanlage**

## Aufbau und Funktion der Palettenförderbandanlage

In der Darstellung **(Bild 1)** besteht die Palettenförderbandanlage aus einem Hubtisch mit zwei Förderbändern. Mit Elektromotoren wird die Palette auf dem Förderband 1 (Hubtisch) und dem Förderband 2 (starres Transportband) nach rechts in Richtung der Näherungsschalter bewegt.

Erreicht die Palette die Endlage auf Förderband 1 oder Förderband 2, schalten induktive Näherungsschalter (Sensoren) die Bandmotoren der Förderbänder ab. Der Hubtisch **(Bild 2)** mit dem Förderband 1 einschließlich der Palette kann nach oben oder nach unten bewegt werden. Die Steuerung der Palettenförderbandanlage soll mit einer klassischen Schützsteuerung realisiert werden. Eine Umsetzung der Steuerung mithilfe einer speicherprogrammierbaren Steuerung (SPS) ist später vorgesehen.

**Bild 2: Hubtischantrieb**

Der Ablauf der Palettenförderbandanlage soll im Automatikbetrieb oder im Handbetrieb durchgeführt werden können. Die Auswahl „Automatikbetrieb" bzw. „Handbetrieb" wird mit einem Wahlschalter vorgenommen.

**Automatikbetrieb:**
Ist Automatikbetrieb eingeschaltet, wird der festgelegte Steuerungsablauf nach einem Startsignal, ohne weitere Eingriffe des Bedienenden, bearbeitet. Die Palette mit dem Transportgut wird dem Förderband 1 über die Rampe zugeführt, übernommen und mittels Hubtisch an das Förderband 2 übergeben. Nach erfolgreichem Transport der Palette fährt der Hubtisch wieder in die untere Position und wird abgeschaltet.
Der Vorgang kann im Automatikbetrieb über das Bedienfeld, Taster Start **(Bild 1, Seite 73)** erneut gestartet werden.

**Handbetrieb:**
Bei Handbetrieb werden die Motoren jeweils einzeln im Tippbetrieb angesteuert.

## Arbeitsauftrag 1: Erkunden der Palettenförderbandanlage

Um den Aufbau und die Funktionsweise dieser Anlage zu verstehen, soll die Palettenförderbandanlage erkundet werden.

1. Analysieren Sie den Aufbau der Palettenförderbandanlage und beschreiben Sie den Automatikbetrieb. Fertigen Sie eine schriftliche Funktionsbeschreibung mithilfe eines Textverarbeitungsprogramms der Anlage an. Stellen Sie Ihre Funktionsbeschreibung zusammen. Präsentieren Sie Ihr Ergebnis.

2. Nennen Sie die wichtigsten Teile (Komponenten) und die elektrischen Betriebsmittel der Palettenförderbandanlage.

**Bild 1: Sensor und Geber**

3. Welche Arten von Sensoren bzw. Geber **(Bild 1)** werden in der Anlage verwendet?

4. Wie werden Hubtisch und Förderbänder angetrieben?

5. Wie wird die Steuerung **(Bild 2)** der Anlage ausgeführt?   **Bild 2: Relaisstation**

## Arbeitsauftrag 2: Aufbau und Funktion der Betriebsmittel des Bedienfeldes erklären

Die Eingabegeräte im Bedienfeld **(Bild 1 und Bild 2)** werden für den Steuerungsablauf im Automatik- und Handbetrieb (Wahlschalter S4) benötigt.

Die Meldeleuchten (Hand- und Automatikbetrieb) dienen zur Anzeige der jeweiligen Betriebsarten.

1. Analysieren Sie die dargestellten Betriebsmittel **(Bild 2)** und ordnen Sie die eingesetzten Betriebsmittel dem Bedienfeld **Bild 1** zu.

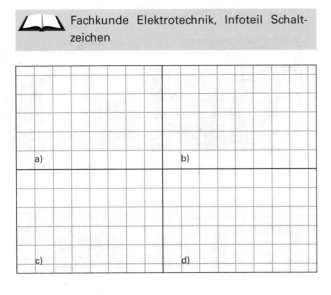

**Bild 1: Bedienfeld und Betriebsmittel**

| Betriebsmittel | Kennzeichnung | Aufgabe |
|---|---|---|
| Wahlschalter | | |
| NOT-AUS-Schalter | | |
| Taster „EIN" | | |
| Taster „Stopp" | | |
| Meldeleuchte | | |

2. Zeichnen Sie die Schaltzeichen der Betriebsmittel zu **Bild 2** (Öffner und Schließer beachten).

📖 Fachkunde Elektrotechnik, Infoteil Schaltzeichen

a)

b)

c)

d)

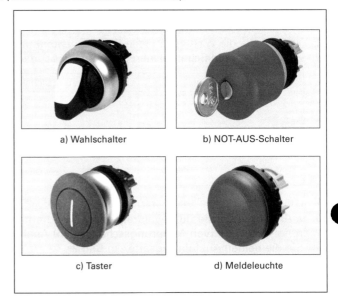

a) Wahlschalter     b) NOT-AUS-Schalter

c) Taster     d) Meldeleuchte

3. Geben Sie die Namen der Betriebsmittel **(Bild 2)** in englischer Sprache an.

**Bild 2: Betriebsmittel des Bedienfeldes**

📖 Fachkunde Elektrotechnik, Sachwort und Fachbegriffe Englisch-Deutsch.

## Arbeitsauftrag 3: Aufbau und Funktion von Gebern und Sensoren erklären

Für den Steuerungsablauf und zum Abschalten der Bandmotoren und des Hubtisches werden Sensoren und Endschalter **(Bild 1, Seite 72)** benötigt.

Durch die Bandmotoren der Förderbänder wird die Palette mit einem Metallteil in der Bodenplatte über einen induktiven Näherungsschalter bewegt. Damit werden die Motoren abgeschaltet **(Bild 1b)**.

Die Abschaltung des Hubtisches in der Aufwärts- und Abwärtsbewegung erfolgt mittels Grenztaster bzw. Endschalter **(Bild 1a)**.

1. Beschreiben Sie die allgemeine Funktion a) des Endschalters und b) des induktiven Näherungsschalters.

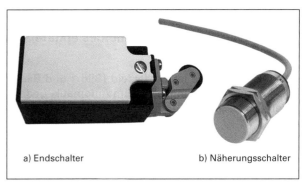

a) Endschalter                b) Näherungsschalter

**Bild 1: Endschalter und Sensor (Näherungsschalter)**

www.Pepperl-Fuchs.com
www.moeller.net

Infoteil Sensoren, Seite 166

2. Zeichnen Sie die Schaltzeichen der Aufgabe 1.

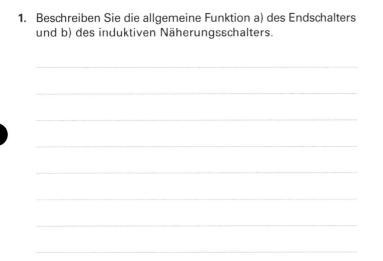

| Endschalter | | Näherungsschalter | |
|---|---|---|---|
| Schließer | Öffner | Schließer | Öffner |

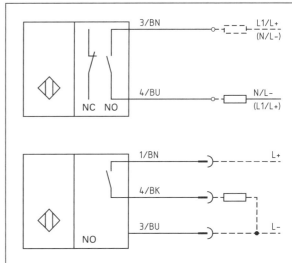

**Bild 2: Ausführungsarten von induktiven Näherungsschaltern**

3. **a)** Beschreiben Sie die Zweidraht- bzw. Dreidrahtausführung von induktiven Näherungsschaltern? **b)** Analysieren Sie die beiden Ausführungsarten in **Bild 2**.

4. Geben Sie die Namen der Betriebsmittel **a)** Endschalter und **b)** Näherungsschalter in englischer Sprache an.

**5.** Informieren Sie sich über die Fachbegriffe „Bemessungsschaltabstand, gesicherter Schaltabstand, Reduktionsfaktor und Schaltfrequenz" beim Näherungsschalter.

**6.** Was versteht man beim Steuern unter **a)** passiven und **b)** aktiven Sensoren?

**7.** Setzen Sie sich mit dem Begriff „Drahtbruchsicherheit" bei Endschaltern auseinander und entscheiden Sie, ob die Endschalter vom Hubtisch der oberen und unteren Endlage **(Bild 1, Seite 72)** als Öffner oder als Schließer ausgeführt sein müssen.

## Arbeitsauftrag 4: Funktion von Schützen und Schützkontakten analysieren und Schütze auswählen

- Schütze sind elektromagnetisch betätigte Fernschalter **(Bild 1)**.
- Schütze werden in Leistungsschütze und Hilfs- oder Steuerschütze unterteilt. Leistungsschütze haben meist drei Hauptkontakte und können zusätzlich mit Steuerkontakten ausgerüstet sein **(Bild 1)**.
- Die Steuerkontakte der Schütze werden mit Funktionsziffern und mit Ordnungsziffern bezeichnet.
- Schütze können durch den Anbau von Hilfsschalterbausteinen mit Steuerkontakten erweitert werden **(Bild 2)**.
- In Wechselstromkreisen beträgt die Steuerspannung meist AC 230 V.

**Bild 2: Hilfsschalterbausteine**

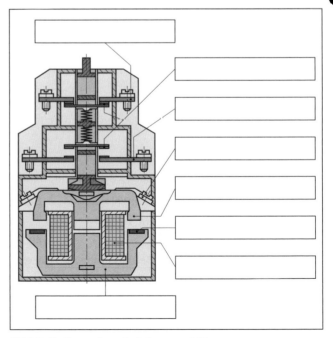

**Bild 1: Aufbau eines Leistungsschützes**

1. Informieren Sie sich anhand von Katalogunterlagen und Datenblättern **(Infoteil, z.B. Seite 161)** über Leistungs- und Hilfsschütze und benennen Sie vier Auswahlkriterien.

2. Ergänzen Sie die fehlenden Begriffe und Betriebs-mittelbezeichnungen **a)** im **Bild 1, Seite 76** und **b)** im **Bild**.

3. Wie lauten die Kontaktbezeichnungen bei einem Schütz mit 3 Hauptstrom- und 4 Hilfskontakten (2 Schließer, 2 Öffner)?

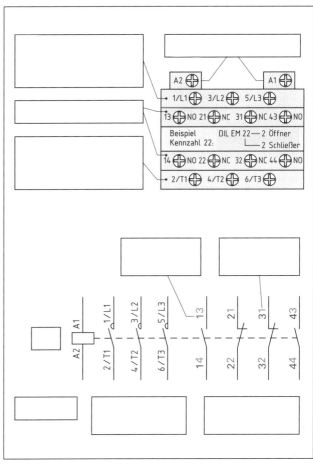

**Bild: Kontaktbezeichnungen beim Leistungsschütz**

**Auswahl der Leistungsschütze**

Die Leistungsschütze in der Palettenförderbandanlage **(Bild 1, Seite 72)** sollen ausgewählt werden.
Die zu schaltenden Bandmotoren sollen alle Käfigläufermotoren in 400-V-Drehstromausführung mit normalem Anlassen, Ausschalten während des Laufes sein. Der Hubtischmotor soll auch für Drehrichtungsumkehr geeignet sein.

4. Wählen Sie gemäß den Motorangaben und der Art der zu schaltenden Last (typischer Anwendungsfall) die dazu-gehö-rige Gebrauchskategorie (Seite 162) aus. Ergänzen Sie die **Tabelle**.

5. Wählen Sie die Leistungsschütze mit der gefundenen Gebrauchskategorie aus und tragen Sie diese in die **Tabelle** ein. Verwenden Sie dazu die Datenblätter im **Infoteil, Seite 161** und **Seite 162**.

📖 Anhang, im Buch Infoteil und Datenblätter

| Tabelle: Motordaten, Gebrauchskategorien von Schütze | | | | | |
|---|---|---|---|---|---|
| Motor | Bemessungsleistung | Bemessungs-spannung | Bemessungs-strom | Gebrauchs-kategorie | Typ Leistungsschütz |
| Bandmotor M1 | 3,0 kW | 400 V | 6,1 A | | |
| Bandmotor M2 | 3,0 kW | 400 V | 6,1 A | | |
| Hubtischmotor M3 | 4,0 kW | 400 V | 7,9 A | | |

## Lernsituation: Entwerfen von Schützschaltungen

**Funktionsbeschreibung (allgemein)**

- In der Palettenförderbandanlage **(Bild 1)** sollen die Motoren in **Drehstromausführung** vom Förderband (Bandmotor M1) mit Taster S7 **(Bild 2)** und vom Förderband 2 (Bandmotor M2) mit Taster S8 **(Bild 2)** eingeschaltet werden.

- Der Hubtisch (Motor M3) für die Aufwärtsbewegung soll mit Taster S9 und für die Abwärtsbewegung mittels Taster S10 im **Selbsthaltebetrieb** angesteuert werden **(siehe Tabelle Betriebsmittelliste und Bild 2)**.

- Ausgeschaltet werden alle Motoren über die Grenztaster und den gemeinsamen Taster AUS bzw. Stopptaster S1.

- Die Leistungsschütze der Motoren werden mit einer Steuerspannung AC 230 V angesteuert.

**Hinweis zur Schaltung:**
Steuerstromkreise für mehrere Motoren dürfen nicht direkt aus dem Netz versorgt werden. Sie benötigen Steuertransformatoren.

 Fachkunde Elektrotechnik,
Kapitel: Elektrische Ausrüstung von Industriemaschinen

### Arbeitsauftrag 1: Schützschaltung mit Selbsthaltung für Bandmotor M1 entwerfen

**Funktionsbeschreibung**

- Der Motor M1 für das Förderband 1 **(Bild 3)** soll durch Betätigen des Tasters S7 über das Leistungsschütz Q1 eingeschaltet werden.

- Nach Loslassen des Tasters S7 soll sich das Schütz Q1 selbst halten.

- Abgeschaltet wird das Schütz Q1 bei Betätigen des Tasters S1.

- Ein Überstromrelais F3 für den Motorschutz und eine Steuersicherung F2 für den Kurzschlussschutz sollen zusätzlich eingesetzt werden.

> ℹ️ Motoren dürfen bei Überlastung keinen Schaden nehmen, d.h. die Wicklungen müssen z.B. beim Blockieren der Läuferwelle durch ein Überstromrelais geschützt werden.

 Fachkunde Elektrotechnik,
Kapitel: Schaltungstechnik

**Hinweis zur Schaltung:**
Werden der Taster S7 und der Taster S1 gleichzeitig betätigt, muss das Schütz Q1 abfallen bzw. darf nicht anziehen (Vorrangschaltung AUS).

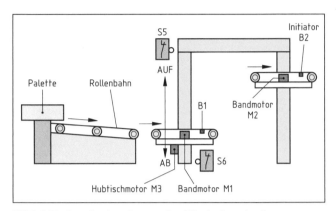

**Bild 1: Technologieschema der Förderbandanlage**

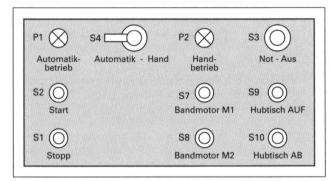

**Bild 2: Bedienfeld der Palettenförderbandanlage**

**Tabelle: Betriebsmittelliste für Handbetrieb**

| Bez. | Betriebsmittel | Bez. | Betriebsmittel |
|------|----------------|------|----------------|
| F2 | Steuersicherung | F5 | Überstromrelais für M3 |
| S1 | Taster Stopp | B1 | Induktiver Näherungsschalter (bedämpft 1-Signal) |
| S5 | Grenztaster oben | B2 | Induktiver Näherungsschalter |
| S6 | Grenztaster unten | | |
| S7 | Taster Bandmotor M1 | Q1 | Schütz Bandmotor M1 |
| S8 | Taster Bandmotor M2 | Q2 | Schütz Bandmotor M2 |
| S9 | Taster Hubtisch AUF | Q3 | Schütz Hubtisch M3 AUF |
| S10 | Taster Hubtisch AB | Q4 | Schütz Hubtisch M3 AB |
| F3 | Überstromrelais für M1 | T1 | Steuertransformator |
| F4 | Überstromrelais für M2 | F6 | Sicherung für Steuertrafo |

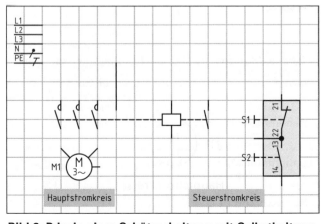

**Bild 3: Prinzip einer Schützschaltung mit Selbsthaltung**

1. Informieren Sie sich über die unterschiedlichen Arten
für einen Motorschutz **(Bild 1)**. Nennen Sie einen passenden **Motorschutz** gegen Überlastung, z.B. für den
Bandmotor des Förderbandes 1 **(Beachten Sie auch die
Tabelle, Seite 76)**.

**Bild 1: Überstromrelais für Motorschutz**

2. Zeichnen und ergänzen Sie in **Bild 3 unten** den Stromlaufplan in aufgelöster Darstellung für eine einfache
Schützschaltung mit Selbsthaltung von **Bild 3, Seite 77**.

**Hinweis**: Die Steuerspannung wird einem Steuer-
transformator T1 entnommen. Verwenden Sie die
Funktionsbeschreibung und die Betriebsmittelbezeichnungen aus der **Tabelle Seite 78**.

Geben Sie alle notwendigen Kontakt- und Betriebsmittelbezeichnungen an. (Verwenden Sie das Schaltschütz
aus **Bild 2**).

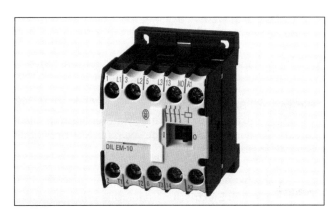

**Bild 2: Schaltschütz**

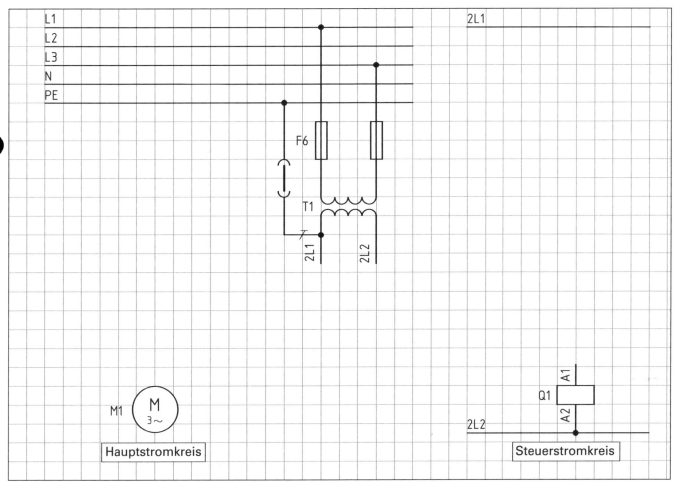

**Bild 3: Schützschaltung mit Selbsthaltung**

## Arbeitsauftrag 2: Schalten des Schützes Q1 des Bandmotors M1 von zwei Betätigungsstellen

### Funktionsbeschreibung

Das Schütz Q1 für den Bandmotor M1 **(siehe Arbeitsauftrag 1, Seite 79)** soll z.B. von zwei Bedienstellen durch Betätigen des Tasters S7.1 (Taster S7 an der Bedienstelle 1) und S7.2 (Bedienstelle 2) eingeschaltet werden **(Bild 1)**.

Die Taster S1.1 und S1.2 schalten das Schütz Q1 wieder ab. Ein thermisches Überstromrelais F3 schützt den Motor M1 gegen Überlastung.

Der Schaltzustand des Schützes Q1 wird durch die Meldeleuchten P3 „EIN" und P4 „AUS" signalisiert.

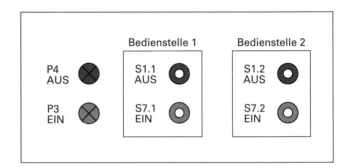

**Bild 1: Schalten von 2 Betätigungsstellen**

1. Zeichnen Sie den Stromlaufplan in aufgelöster Darstellung für den Steuerstromkreis mit Motorschutz **(Bild 2)**.

2. Geben Sie alle notwendigen Netz-, Kontakt- und Betriebsmittelbezeichnungen an.

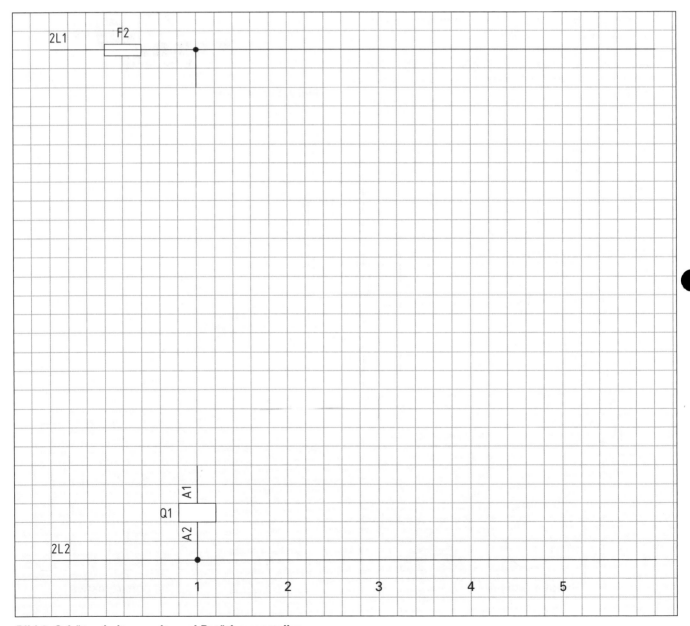

**Bild 2: Schützschaltung mit zwei Betätigungsstellen**

## Arbeitsauftrag 3: Steuern des Bandmotors M1 mit induktivem Näherungsschalter B1

Der Bandmotor M1 für das Förderband 1 soll wie im Technologieschema **(Bild 1, Seite 74)** mit dem Taster S7 eingeschaltet und mit S1 abgeschaltet werden. Befindet sich eine Palette auf dem Förderband, wird der Bandmotor durch den induktiven Näherungsschalter B1 abgeschaltet.

Eingesetzt wird ein induktiver Näherungsschalter in Zweidrahtausführung **(Bild 1)**, der mittels Hilfsschütz K1 das Leistungsschütz Q1 abschaltet.

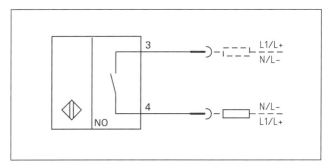

Bild 1:  Induktiver Näherungsschalter für Wechselspannung in Zweidrahtausführung

1.  Zeichnen Sie den Stromlaufplan des Steuerstromkreises **(Bild 2)** in aufgelöster Darstellung mit Abschaltung durch den induktiven Näherungsschalter B1 und den Taster S1.

2.  Geben Sie alle notwendigen Netz-, Kontakt- und Betriebsmittelbezeichnungen in **Bild 2** an.

**Hinweis zur Schaltung:**
Der Arbeitsauftrag 1, **Seite 78** wird jetzt zusätzlich durch den Einsatz des induktiven Näherungsschalters B1 erweitert.

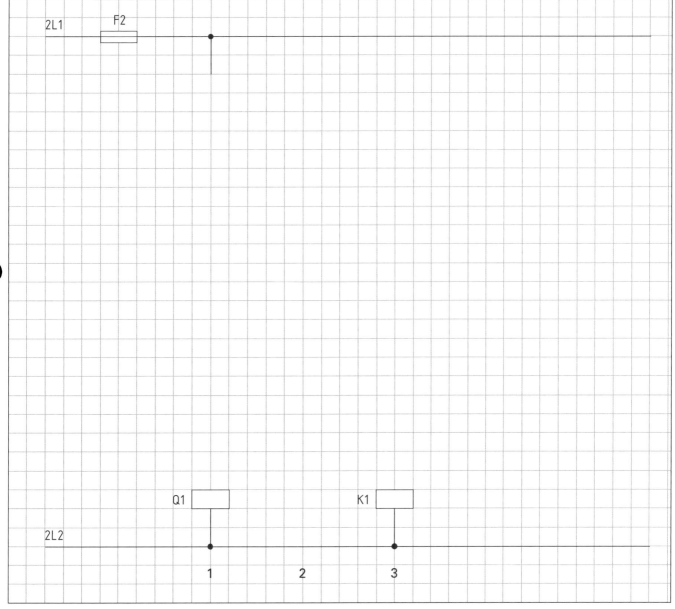

Bild 2: Stromlaufplan für den Bandmotor; Abschaltung mit induktivem Näherungsschalter

## Arbeitsauftrag 4: Steuern einer Wendeschützschaltung zur Drehrichtungsumkehr für die Hubtischanlage

Die Hubtischanlage **(Bild 1, Seite 72)** soll auf- und abwärts bewegt werden. Dazu muss der Motor M3 für den Hubtisch in Rechtslauf oder in Linkslauf geschaltet werden.
Diese Drehrichtungsumkehr **(Bild 1)** erfordert besondere Kenntnisse und Vorsichtsmaßnahmen. Man verwendet dazu die Wendeschaltung.

**Funktionsbeschreibung:**

● Durch Betätigen des Tasters S9 soll der Hubtisch aufwärts bewegt werden. Der Hubtisch bewegt sich nach oben und soll durch Betätigen des Grenztasters S5 automatisch abgeschaltet werden.

● Die Bewegung abwärts erfolgt durch Betätigen des Tasters S10. Erreicht der Hubtisch die untere Position, wird der Motor M3 durch den unteren Grenztaster S6 abgeschaltet.

● Eine Tasterverriegelung mit den Tastern S9 und S10 **(Bild 2)** und eine Schützverriegelung ist zu berücksichtigen, damit der Motor nur „aufwärts" oder „abwärts" eingeschaltet werden kann.

● Der Austaster S1 und ein Überstromrelais F5 für den Motorschutz sind mit in die Steuerung einzubeziehen, damit die Anlage mittels Stopptaster und bei Überlast abgeschaltet wird.

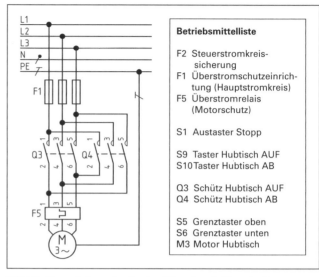

| Betriebsmittelliste |
| --- |
| F2 Steuerstromkreis-sicherung |
| F1 Überstromschutzeinrich-tung (Hauptstromkreis) |
| F5 Überstromrelais (Motorschutz) |
| S1 Austaster Stopp |
| S9 Taster Hubtisch AUF |
| S10 Taster Hubtisch AB |
| Q3 Schütz Hubtisch AUF |
| Q4 Schütz Hubtisch AB |
| S5 Grenztaster oben |
| S6 Grenztaster unten |
| M3 Motor Hubtisch |

**Bild 1: Hauptstromkreis der Wendeschützschaltung**

1. Wie erfolgt schaltungstechnisch die Drehrichtungsumkehr bei Drehstrommotoren?

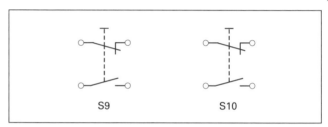

S9          S10

**Bild 2: Taster für Auf- und Abwärtsbewegung**

_____

_____

_____

_____

2. **a)** Welche Auswirkungen hätte ein gleichzeitiges Anziehen der Schütze Q3 (Hubtisch AUF) und Q4 (Hubtisch AB) in **Bild 1** und **b)** wie kann das verhindert werden?

_____

_____

_____

_____

_____

3. Welche Aufgabe hat eine Tasterverriegelung?

_____

_____

_____

_____

_____

Drehstrommotoren mit Drehzahlen, z.B. 3000 1/min können **direkt** vom Betriebs-
zustand „Rechtslauf" in den „Linkslauf" umgeschaltet werden.
Diese direkte Umschaltung bremst den Motor von der hohen Drehzahl sofort ab und
beschleunigt ihn in der entgegengesetzten Drehrichtung. Dabei kann jedoch die
Motorwicklung thermisch stark belastet werden.
Eine indirekte Umschaltung über den Taster „AUS" reduziert die thermische Bean-
spruchung.

4. **a)** Ergänzen Sie den Stromlaufplan in aufgelöster Darstellung (Steuerstromkreis)
unter Einbezug aller Verriegelungsmaßnahmen mit einer **direkten Umschaltung**
der Drehrichtung in **Bild 2a** und mit einer **b) „indirekten Umschaltung"** der
Drehrichtung über „AUS" in **Bild 2b** ein.

**Bild 1: Drehstrommotor für
Drehrichtungsumkehr**

📖 Fachkunde Elektrotechnik, Kapitel: Schaltungstechnik

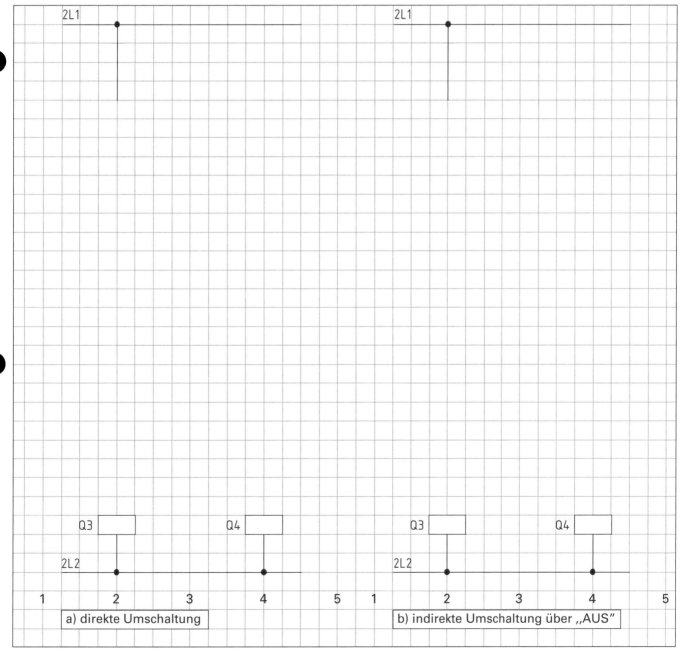

**Bild 2: Drehrichtungsumkehr bei Drehstrommotoren mit Verriegelungsschaltungen**

## Arbeitsauftrag 5: Folgeschaltung mit Bandmotor M2 und Bandmotor M1 entwerfen

Der Bandmotor M2 wird mit dem Schütz Q2 über den Taster S8 eingeschaltet.
M2 darf aber erst dann einschalten, wenn der Hubtisch M3 **(Bild 1)** bereits aufwärts bewegt wurde und die obere Endlage erreicht hat.
Nachdem der Bandmotor M2 eingeschaltet ist, kann auch der Bandmotor M1 mit Taster S7 eingeschaltet werden.

Bei dieser Schaltung wird ein induktiver Näherungsschalter B2 in Zweidrahtausführung gewählt, der mithilfe des Hilfsschützes K2 das Schaltschütz Q2 abschaltet.

Da die Palette vom Förderband 1 zu Förderband 2 übergeben wird, muss zuerst Bandmotor M2 mit S8 eingeschaltet werden.

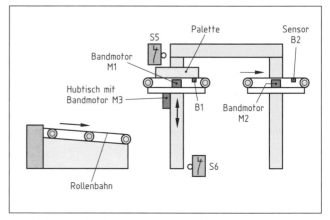

**Bild 1: Technologieschema für die Folgeschaltung**

Die Abschaltung soll durch den induktiven Näherungsschalter B2, den gemeinsamen Stopptaster S1 oder durch das Überstromrelais F4 erfolgen. Erreicht die Palette auf Förderband 2 den induktiven Näherungsschalter B2, soll gleichzeitig mit dem Schütz Q2 auch das Schütz Q1 abgeschaltet werden.
1. Ergänzen Sie den Stromlaufplan **(Bild 2)** des Steuerstromkreises für Bandmotor M1 mit Q1 bzw. K1 und Bandmotor M2 mit Q2 bzw. K2 .
2. Geben Sie alle notwendigen Netz-, Kontakt- und Betriebsmittelbezeichnungen an.

**Hinweis zur Schaltung:** Der Bandmotor M1 wurde mit der Palette durch den induktiven Näherungsschalter B1 abgeschaltet. Der Hubtisch befindet sich in der oberen Endlage. Die Palette ist weiterhin auf dem bedämpftem Näherungsschalter B1 positioniert. Beachten Sie bei der Erstellung des Steuerstromkreises, dass die Grenztaster S5 und S6 aus Öffner- und Schließerkontakten bestehen.

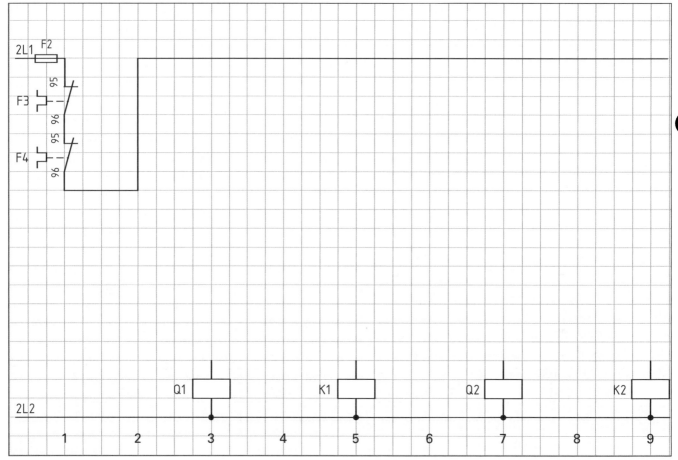

**Bild 2: Folgeschaltung**

## Arbeitsauftrag 6: Entwurf von Schaltungen mit Verriegelungen

In Schützschaltungen ist es manchmal notwendig, dass nicht alle Verbraucher gleichzeitig eingeschaltet werden dürfen, z.B. bei Heizgeräten und Motoren an Werkzeugmaschinen **(Bild 1)**.
Für das Schalten dieser Schütze sind aus diesem Grunde Verriegelungsschaltungen vorzusehen.

**Hinweis zur Gruppenarbeit:** Informieren Sie sich über Teamarbeit, Visualisierung und Präsentation.

1. Entwerfen Sie in Gruppenarbeit die Stromlaufpläne in aufgelöster Darstellung für die Verriegelungsschaltungen 1 bis 4 auf den **Seiten 85 bis 87**.

2. Stellen Sie den anderen Gruppen Ihre Aufgabenstellung, d.h. die Funktionsbeschreibung vor.

3. Präsentieren Sie den erstellten Stromlaufplan mit Betriebsmittel- und Kontaktbezeichnungen Ihren Mitschülern, z.B. auf einem Flipchart.

4. Zeichnen Sie danach die erstellten Stromlaufpläne in die Bilder auf den **Seiten 85 bis 87** ein.

Fachkunde Elektrotechnik, Kapitel: Berufliche Handlungskompetenz und Präsentation

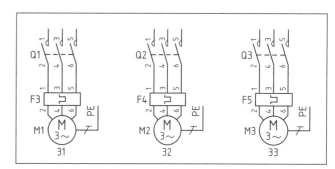

**Bild 1: Motorenschaltung**

| Tabelle: Betriebsmittelbezeichnung | | | |
|------|-------------|------|-------------|
| Bez. | Betriebsmittel | Bez. | Betriebsmittel |
| F2 | Steuersicherung | | |
| S1 | Taster AUS für Q1 (M1) | F3 | Motorschutz für M1 |
| S2 | Taster EIN für Q1 | Q1 | Schütz für M1 |
| S3 | Taster AUS für Q2 (M2) | F4 | Motorschutz für M2 |
| S4 | Taster EIN für Q2 | Q2 | Schütz für M2 |
| S5 | Taster AUS für Q3 (M3) | F5 | Motorschutz für M3 |
| S6 | Taster EIN für Q3 | Q3 | Schütz für M3 |

**Verriegelungsschaltung 1:** Zeichnen Sie den Stromlaufplan **(Bild 2)** in aufgelöster Darstellung für eine Förderbandanlage, bei der die drei Drehstrommotoren M1 **(Q1)**, M2 **(Q2)** und M3 **(Q3)** unter folgenden Bedingungen geschaltet werden: Motor M2 und Motor M3 dürfen nicht gleichzeitig laufen, Motor M2 oder Motor M3 darf erst dann einschaltbar sein, wenn Motor M1 bereits läuft.

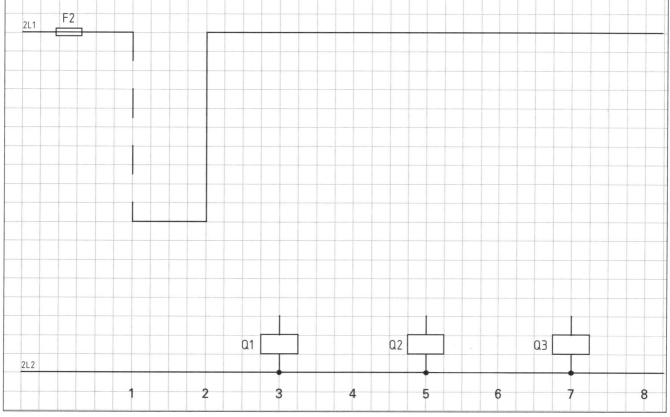

**Bild 2: Folgeschaltung mit Verriegelung**

**Verriegelungsschaltung 2:** Zeichnen Sie den Stromlaufplan **(Bild 1)** in aufgelöster Darstellung für eine Werkzeugmaschine, bei der die drei Drehstrommotoren M1 **(Q1)**, M2 **(Q2)** und M3 **(Q3)** unter folgenden Bedingungen geschaltet werden: Von den 3 Motoren darf jeweils nur 1 Motor schaltbar sein. Z.B. wenn Motor M1 eingeschaltet ist, darf Motor M2 bzw. Motor M3 nicht eingeschaltet werden können.

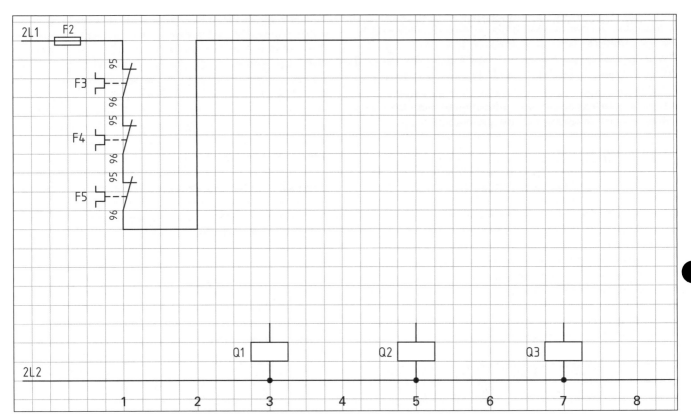

**Bild 1: Auswahlschaltung EINS aus DREI**

**Verriegelungsschaltung 3:** Zeichnen Sie den Stromlaufplan **(Bild 2)** in aufgelöster Darstellung für eine Werkzeugmaschine. Die drei Motoren M1 **(Q1)**, M2 **(Q2)** und M3 **(Q3)** sollen unter folgenden Bedingungen geschaltet werden: Von 3 Motoren dürfen jeweils nur 2 Motoren schaltbar sein. Z.B. wenn Motor M1 und Motor M2 eingeschaltet sind, darf Motor M3 nicht mehr eingeschaltet werden können.

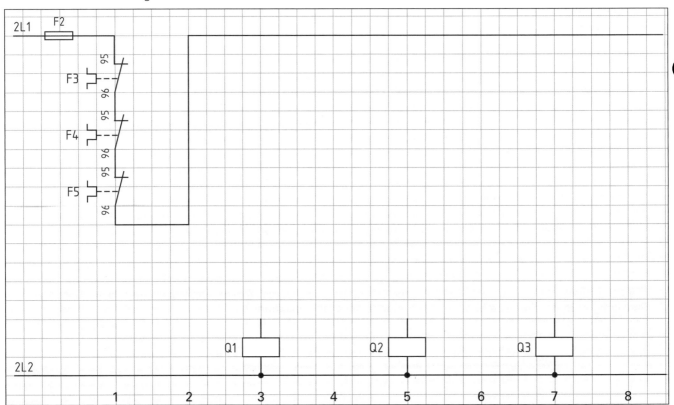

**Bild 2: Auswahlschaltung ZWEI aus DREI**

**Verriegelungsschaltung 4:** Zeichnen Sie den Stromlaufplan **(Bild 1)** in aufgelöster Darstellung für eine Förderbandanlage. In der Förderanlage sollen die drei Motoren M1 **(Q1)**, M2 **(Q2)** und M3 **(Q3)** unter folgenden Bedingungen geschaltet werden:
- Die 3 Motoren sollen in der Reihenfolge M1 - M2 - M3 einschaltbar sein. Beispiel: Motor M2 ist nur schaltbar, wenn Motor M1 bereits eingeschaltet ist. Motor M3 kann nur eingeschaltet werden, wenn Motor M2 bereits eingeschaltet ist.
- Die 3 Motoren dürfen nur in der Reihenfolge M3 - M2 - M1 abschaltbar sein. Beispiel: Motor M2 kann nur abgeschaltet werden, wenn M3 bereits abgeschaltet ist, bzw. M1, wenn M2 bereits abgeschaltet ist.

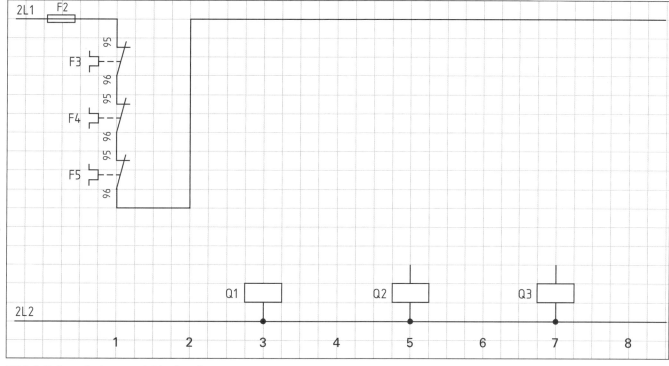

**Bild 1: Folgeschaltung mit Verriegelung**

## Arbeitsauftrag 7: Verriegelungsschaltung beschreiben und analysieren

In der Verriegelungsschaltung **(Bild 2)** wird der Taster S3 betätigt.

1. Beschreiben Sie stichwortartig die Schaltung **(Bild 2)**, wenn der Taster S3 betätigt wird.

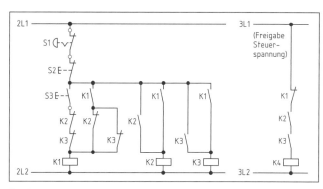

**Bild 2: Verriegelungsschaltung**

2. Das Schütz K4 schaltet die Steuerspannung. Wann erfolgt die Freigabe der Steuerspannung?

3. Die Schützspule K1 brennt nach Freigabe der Steuerspannung durch. Welche Auswirkung hat dieser Defekt auf die Schaltung nach der Freigabe bzw. vor der Freigabe der Steuerspannung?

## Arbeitsauftrag 8: Steuerung der Palettenförderbandanlage für Automatikbetrieb entwerfen

Im Kapitel „Entwerfen von Schützschaltungen" **(Seite 78)** wurden in der Förderbandanlage alle Motoren über Handbetrieb mit den dazugehörigen Tastern eingeschaltet.

Im folgenden Arbeitsauftrag soll die Förderbandanlage **(Bild 1)** im Automatikbetrieb gesteuert werden.

**Funktionsbeschreibung:**

● Nach Umschalten des Wahlschalters S4 auf Automatik leuchtet die Meldeleuchte P1 für den Automatikbetrieb **(Bild 2)**.

● Mit dem Taster „Start" S2 wird das Hilfsschütz K3 geschaltet, das alle Taster „EIN" überbrückt. Der Förderbandmotor M1 wird eingeschaltet und die erste Palette wird auf das Förderband 1 bewegt.

● Hat die Palette auf dem Förderband 1 (Förderbandmotor M1) die entsprechenden Position am induktiven Näherungsschalter B1 erreicht, stoppt das Förderband 1 **(siehe Arbeitsauftrag 3, Seite 81)**.

● Der Hubtisch fährt nach oben **(Bild 3)**. Ist die obere Position vom Hubtisch mit dem oberen Grenztaster S5 erreicht, stoppt der Hubtisch **(siehe Arbeitsauftrag 4, Seite 82)**.

● Danach schalten Förderbandmotor M2 und in Folgeschaltung Förderbandmotor M1 nacheinander ein. Die Palette mit dem Transportgut auf Förderband 1 wird dem Förderband 2 übergeben und bei Erreichen des induktiven Näherungsschalters B2 abgeschaltet **(siehe Arbeitsauftrag 5, Seite 84)**.

● Der Hubtisch fährt danach wieder in die untere Position und wird durch den unteren Grenztaster S6 abgeschaltet **(siehe Arbeitsauftrag 4, Seite 82)**.

● Wird die Palette vom Förderband 2 entfernt, kann der Vorgang erneut gestartet werden.

● Der automatisierte Durchlauf kann jederzeit durch Betätigen des NOT-AUS-Schalters unterbrochen werden.

Zeichnen Sie den Stromlaufplan **(Bild, Seite 89)** in aufgelöster Darstellung für den Steuerstromkreis mit Motorschutz.

Geben Sie alle notwendigen Netz-, Kontakt- und Betriebsmittelbezeichnungen an.

**Hinweise zur Schaltung:**

● Verwendung des Hilfsschützes K1
  (Siehe Arbeitsauftrag 3, Seite 81)
● Verwendung des Hilfsschützes K2
  (Siehe Arbeitsauftrag 5, Seite 84)
● Verwendung des Hilfsschützes K3
  (Überbrückung aller Taster „EIN" für Handbetrieb)
● Grenztaster S5 und S6 haben Öffner- und Schließerkontakt

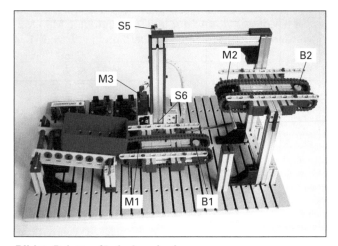

**Bild 1: Palettenförderbandanlage**

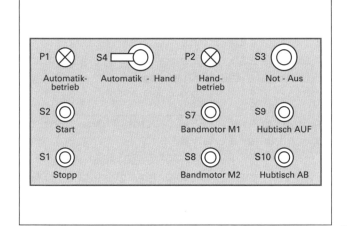

**Bild 2: Bedienpult**

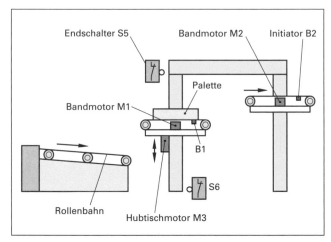

**Bild 3: Technologieschema vom Palettentransport**

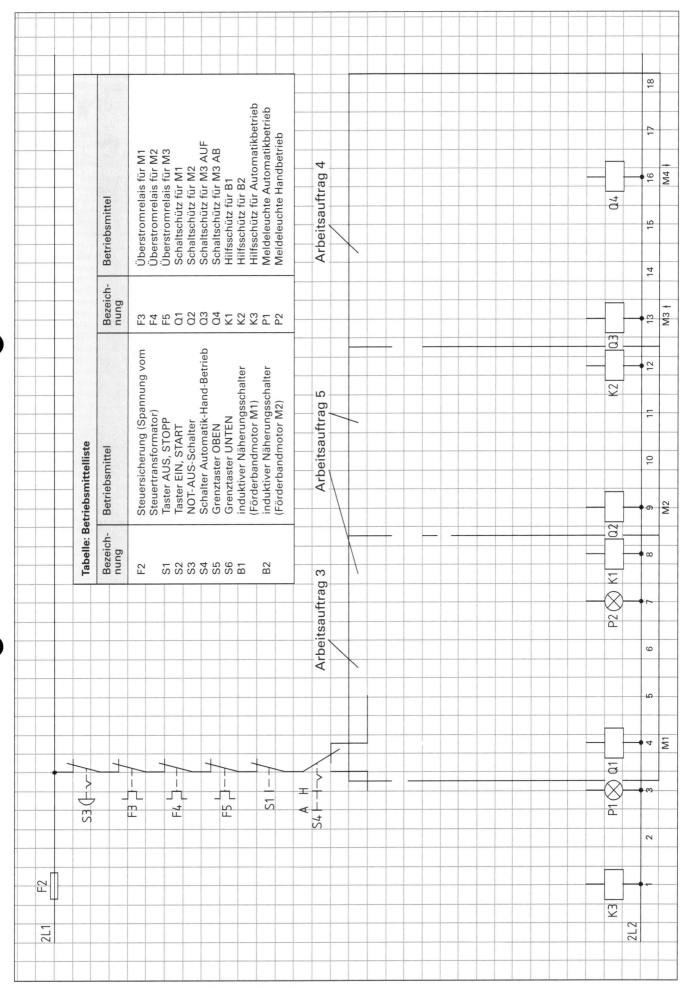

**Tabelle: Betriebsmittelliste**

| Bezeich-nung | Betriebsmittel | Bezeich-nung | Betriebsmittel |
|---|---|---|---|
| F2 | Steuersicherung (Spannung vom | F3 | Überstromrelais für M1 |
| | Steuertransformator) | F4 | Überstromrelais für M2 |
| S1 | Taster AUS, STOPP | F5 | Überstromrelais für M3 |
| S2 | Taster EIN, START | Q1 | Schaltschütz für M1 |
| S3 | NOT-AUS-Schalter | Q2 | Schaltschütz für M2 |
| S4 | Schalter Automatik-Hand-Betrieb | Q3 | Schaltschütz für M3 AUF |
| S5 | Grenztaster OBEN | Q4 | Schaltschütz für M3 AB |
| S6 | Grenztaster UNTEN | K1 | Hilfsschütz für B1 |
| B1 | induktiver Näherungsschalter | K2 | Hilfsschütz für B2 |
| | (Förderbandmotor M1) | K3 | Hilfsschütz für Automatikbetrieb |
| B2 | induktiver Näherungsschalter | P1 | Meldeleuchte Automatikbetrieb |
| | (Förderbandmotor M2) | P2 | Meldeleuchte Handbetrieb |

**Bild: Palettenförderbandanlage im Automatikbetrieb**

## Testen Sie Ihre Fachkompetenz

1. Welche Vorteile hat die Anwendung von Schaltungen mit Schützen?

   ● _____

   ● _____

   ● _____

   ● _____

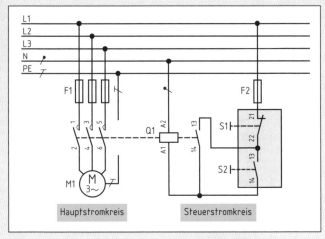

**Bild 1: Schützschaltung mit Selbsthaltung**

2. Welche Folgen hätte ein Drahtbruch zwischen der Klemme 22 von S1 und Klemme 13 von Q1 **(Bild 1)**?

   _____

   _____

   _____

   _____

3. Beim Anschluss des Motors wurden die Außenleiter L2 und L3 vertauscht **(Bild 1)**. Welche Auswirkungen hat das Vertauschen der Leiter auf **a)** den Steuerstromkreis und **b)** auf den Hauptstromkreis?

   _____

   _____

   _____

   _____

   _____

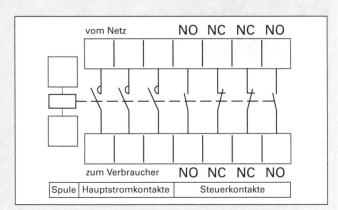

**Bild 2: Anschlussbezeichnungen beim Hauptschütz**

4. Ergänzen Sie in **Bild 2** die Anschlusszeichnungen des Hauptschützes.

5. Beschreiben Sie die Funktion der Schaltung in **Bild 3**, wenn Taster S4 betätigt wurde.

   _____

   _____

   _____

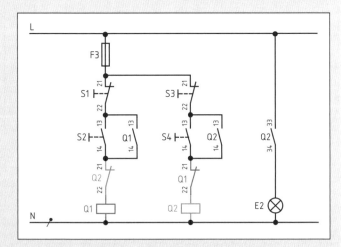

**Bild 3: Wendeschützschaltung**

6. In der Schaltung **(Bild 3)** wurde vor dem Schütz Q1 versehentlich ein Schließerkontakt 23-24 von Q2 eingebaut. Beschreiben Sie die Funktion, wenn **a)** Taster S2 und **b)** Taster S4 betätigt wurden.

_____

_____

_____

## Lernsituation: Steuerung einer Rolltoranlage einrichten

Die Zufahrt zu einem Firmengelände ist in vielen Fällen durch ein Tor **(Bild 1)** geschlossen. Dieses wird nur dann geöffnet, wenn Fahrzeuge auf das Gelände fahren oder es verlassen. Die Bedienung der Torsteuerung erfolgt durch den Pförtner. Im Rahmen einer Erneuerung soll die alte verbindungsprogrammierte Schützsteuerung durch eine speicherprogrammierbare Steuerung ersetzt werden. Die Steueraufgabe soll mit einem Kleinsteuergerät z.B.: **LOGO!**[1], **easy**[2] oder **Pharao**[3] realisiert werden.

> Bei **verbindungsprogrammierten Steuerungen (VPS)** ergibt sich die Funktion der Steuerung durch die Verdrahtung. Bei einer **speicherprogrammierten Steuerung (SPS)** ist das Steuerprogramm als Software im Programmspeicher abgelegt. Eine Programmänderung ist bei einer SPS einfacher durchzuführen, da die Verdrahtung nicht geändert werden muss.

**Bild 1: Rolltoranlagen**

### Aufbau und Funktion der Rolltoranlage

- Von der Pförtnerloge aus kann die Rolltoranlage mit den Tastern AUF, ZU und STOPP bedient werden.
- Ein Elektromotor **(Bild 2 und Infoteil Seite 164)** bewegt das Rolltor nach rechts oder links. Eine Schützverriegelung und eine Verriegelung im Programm des Kleinsteuergerätes verhindern gleichzeitigen Rechts-Links-Lauf.
- Grenztaster schalten den Motor bei vollkommenem offenem oder geschlossenem Tor ab.
- Eine Warnleuchte zeigt an, ob sich das Rolltor bewegt.
- Durch eine Sicherheitsdruckleiste **(Infoteil Seite 163)** am Rolltor wird sichergestellt, dass beim Schließen des Tores keine Personen verletzt oder Sachen eingeklemmt und beschädigt werden.
- Mit zwei zusätzlichen Lichtschranken **(Infoteil Seite 163)** lässt sich die Fahrtrichtung eines Fahrzeugs bestimmen

### Arbeitsauftrag 1: Erkundung der Anlage

und durch die Steuerung auswerten.

1. Vervollständigen Sie die Tabelle **(Seite 92)** aller elektrischen Betriebsmittel der Rolltoranlage. Informieren Sie sich im Tabellenbuch über die Schaltzeichen und Kennbuchstaben der einzelnen Betriebsmittel und tragen Sie diese entsprechend dem Beispiel in die Tabelle ein.

www.siemens.de
www.moeller.net
www.theben.de

- Fachkunde Elektrotechnik
  Kapitel: Infoteil

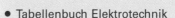
- Tabellenbuch Elektrotechnik

**Bild 2: Elektromotor zum Antrieb eines Rolltores**

[1] geschütztes Warenzeichen der Firma Siemens.
[2] geschütztes Warenzeichen der Firma Moeller.
[3] geschütztes Warenzeichen der Firma Theben.

## Tabelle: Betriebsmittel der Rolltoranlage

| Betriebsmittel | Betriebsmittel-kennzeichnung | Schaltzeichen im Stromlaufplan | Funktionsbeschreibung |
|---|---|---|---|
| Taster STOPP (Öffner) | S0 | | Taster STOPP zum Anhalten des Rolltors |
| Taster AUF (Schließer) | | | |
| Taster ZU (Schließer) | | | |
| Grenztaster Tor AUF (Öffner) | | | |
| Grenztaster Tor ZU (Öffner) | | | |
| Sicherheitsdruckleiste (Öffner) | | | |
| Lichtschranken (Schließer) | | | |
| Warnleuchte | | | |
| Drehstrommotor | | | |
| Hauptschütze | | | |
| Kleinsteuergerät | | | |

2. Erstellen Sie ein **Technologieschema (Seite 100)** der Rolltoranlage. Zeichnen Sie, entsprechend dem Beispiel auf dem Arbeitsblatt, die elektrischen Betriebsmittel mit Schaltzeichen und Kennzeichnung an der ungefähren praxisbezogenen Position im Technologieschema ein.

3. Informieren Sie sich über die Funktion und den Aufbau eines Kleinsteuergerätes z.B.: LOGO! Vervollständigen Sie den prinzipiellen Aufbau **(Bild)** des Kleinsteuergerätes.

- siehe LOGO! Handbuch
- http://www.ad.siemens.de/logo

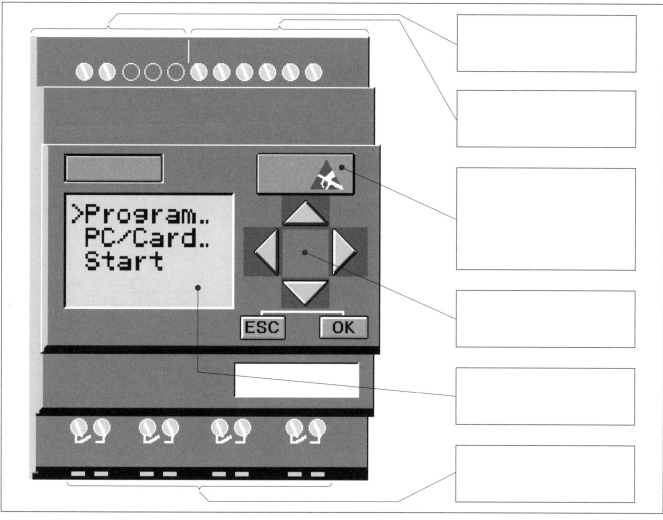

**Bild: Aufbau einer Kleinsteuerung**

4. Wie viele Ein- und Ausgänge der Kleinsteuerung werden benötigt? Wählen Sie aufgrund der benötigten Ein- und Ausgänge eine geeignete Kleinsteuerung aus einem Elektrokatalog aus. Vervollständigen Sie die **Zuordnungsliste (Seite 100)** auf dem Arbeitsblatt. In der Zuordnungsliste werden den elektrischen Betriebsmitteln die entsprechenden Ein- und Ausgänge der Kleinsteuerung zugeordnet.

Benötigte Eingänge: _____    Benötigte Ausgänge: _____

Ausgewählte Kleinsteuerung: _____

5. Vervollständigen Sie die Beschaltung der Kleinsteuerung **(Bild 1, Seite 94)** mit allen Betriebsmitteln der Zuordnungsliste **(Seite 104)** aus Teilaufgabe 4. Informieren Sie sich über die Anschlussbedingungen von Sensoren und Aktoren an den Ein- und Ausgängen eines Kleinsteuergerätes.

Achtung: Beim Anschluss der Schütze für Rechts-Links-Lauf des Rolltormotors an das Kleinsteuergerät ist eine Hardwareverriegelung vorzusehen **(siehe auch Seite 82)**.

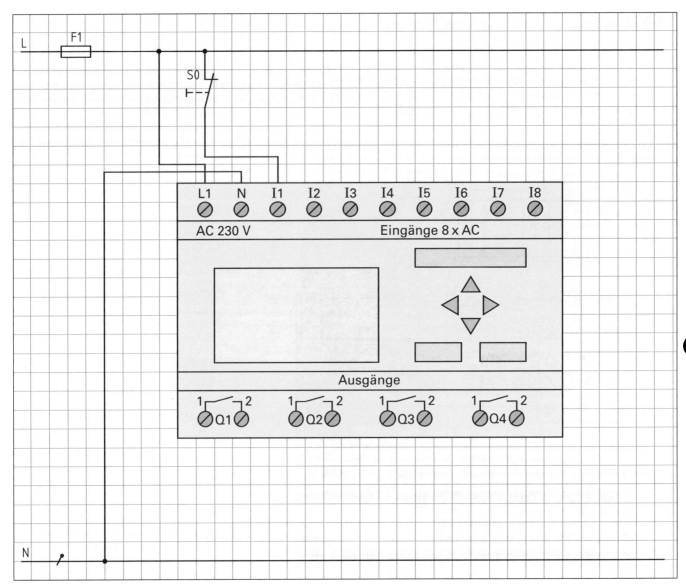

**Bild 1: Beschaltung der Kleinsteuerung**

**Anschluss der Eingänge:**
An die Eingänge eines Kleinsteuergerätes können Sensoren, z.B. Taster, Schalter, Lichtschranken oder Dämmerungsschalter angeschlossen werden. Darüber hinaus gibt es Kleinsteuergeräte, die zusätzliche Analogeingänge besitzen. Angaben über die Sensoreigenschaften findet man in den Datenblättern.

**Anschluss der Ausgänge:**
Bei vielen Kleinsteuergeräten sind die Ausgänge über Relais geschaltet. Die Kontakte **(Bild 2)** der Relais sind potenzialfrei von der Spannungsversorgung und von den Eingängen. An die Ausgänge kann man verschiedene Lasten (Aktoren) anschließen, z.B. Lampen, Leuchtstofflampen, Motoren oder Schütze. Angaben über die Eigenschaften der Last findet man in den Datenblättern des jeweiligen Kleinsteuergerätes.

Kleinsteuergeräte können auch mit Transistorausgängen **(Bild 3)** bestückt sein. Bei diesen Ausgängen ist die getrennte Einspeisung der Lastspannung nicht notwendig, da das Kleinsteuergerät die Spannungsversorgung der Last übernimmt.

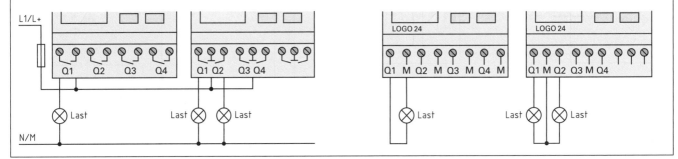

**Bild 2: Kleinsteuergerät mit potenzialfreien Ausgängen**          **Bild 3: Kleinsteuergerät mit Transistorausgängen**

## Arbeitsauftrag 2: Erkundung eines Rolltores

1. Erkunden Sie ein Rolltor, z.B. bei einer Firmeneinfahrt. Fertigen Sie eine schriftliche Funktionsbeschreibung für das Rolltor an. Untersuchen Sie die Betriebsmittel **Torantrieb/Motoreinheit, Sensoren, Steuerung und Bedieneinheit.** Fotografieren Sie eventuell die Betriebsmittel mit einer Digitalkamera. Fügen Sie die Bilder in die Funktionsbeschreibung mithilfe eines Textverarbeitungsprogramms ein.

2. Vervollständigen Sie das Blockschaltbild **(Bild 1)**, das den Zusammenhang der Komponenten **Motor, Steuerung, Bedienung** und **Sensorik** darstellt.

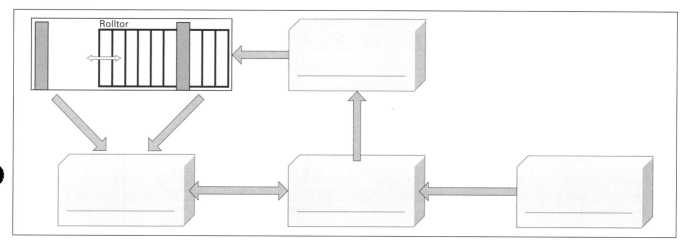

**Bild 1: Blockschaltbild**

## Arbeitsauftrag 3: Informationen über elektrische Betriebsmittel sammeln

In diesem Arbeitsauftrag erfahren Sie mehr über den Aufbau, den Anschluss und die Funktion elektrischer Betriebsmittel, z.B. Lichtschranke, Sicherheitsdruckleiste, Elektromotor oder Grenztaster.

Fachkunde Elektrotechnik,
Kapitel: Binäre Sensoren

1. Informieren Sie sich über optische Näherungsschalter und Lichtschranken **(Infoteil, Seite 163 und Seite 166)**.
2. Die dargestellten 24-V-Sensoren (Lichtschranken) im 3- und 4-Leitersystem **(Bild 2)** unterschiedlicher Bauart (NPN und PNP) sollen die Eingänge des Kleinsteuergerätes (24V Ausführung) I1, I2 und I3 ansteuern. Zeichnen Sie die korrekte Verdrahtung der Sensoren mit der Versorgungsspannung und der Eingangsbelegung des Kleinsteuergerätes. Geben Sie die richtige Farbkennzeichnung der Sensoranschlüsse an **(Bild 2)**.

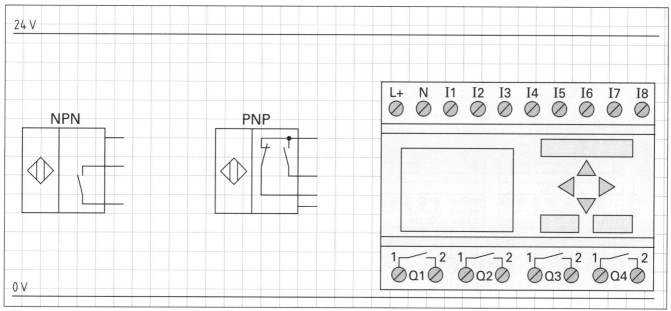

**Bild 2: Anschluss von Sensoren unterschiedlicher Bauart**

## Arbeitsauftrag 4: Entwurf der Steuerung

Der Entwurf der Steuerung des Rolltores ist in drei Schwierigkeitsgrade aufgeteilt **(Tabelle)**.
Alle Schwierigkeitsgrade haben folgende Eigenschaften gemeinsam:

- Der Motor soll durch eine Schützverriegelung und im Programm des Kleinsteuergerätes gegen gleichzeitigen Rechts-Links-Lauf geschützt werden.
- Das Schließen des Rolltores wird durch die Sicherheitsdruckleiste unterbrochen.
- Die Endstellung des Rolltores wird durch die Grenztaster überwacht.
- Die Warnleuchte ist während der Bewegung des Rolltores eingeschaltet.

| Tabelle: Schwierigkeitsgrade |
|---|
| **1.** Steuerung mit Handbetrieb (Tippbetrieb) |
| **2.** Steuerung mit Automatikbetrieb |
| **3.** Steuerung mit erweitertem Automatikbetrieb |

 Die Programmiersoftware **LOGO!** für Kleinsteuergeräte verwendet die Darstellung des **Funktionsplanes (FUP)**. Im Gegensatz dazu verwendet die Programmiersoftware **easy** für Kleinsteuergeräte die Darstellung des **Kontaktplanes (KOP)**.

## Schwierigkeitsgrad 1: Steuerung mit Handbetrieb (Tippbetrieb)

Das Rolltor wird im **Tippbetrieb** entweder durch den Taster AUF geöffnet oder den Taster ZU geschlossen. In der Betriebsart **Tippbetrieb** bewegt sich das Rolltor nur solange der Taster AUF oder der Taster ZU betätigt wird. Bei gleichzeitiger Betätigung der beiden Taster bleibt das Tor in seiner momentanen Position. Der Motor wird durch eine **Tasterverriegelung** im Programm gegen gleichzeitigen Rechts-Links-Lauf geschützt (siehe auch Seite 8).
Zur Realisierung dieser Aufgabe werden folgende Betriebsmittel benötigt: Taster AUF / ZU, Grenztaster Tor AUF / ZU, Sicherheitsdruckleiste, Warnleuchte und Hauptschütze. Der Taster STOPP wird bei diesem Schwierigkeitsgrad nicht benötigt. Das Blinken der Warnleuchte wird über einen Taktgeber in der Kleinsteuerung gesteuert. Die Warnleuchte soll mit einer Frequenz von 2 Hz blinken.

1. Informieren Sie sich über die Funktion des Taktgebers **(Infoteil Seite 165)**.
2. Vervollständigen Sie den Funktionsplan **(Bild)** der Steuerung für das Kleinsteuergerät.
3. Geben Sie den Funktionsplan in den PC ein und simulieren Sie ihn.

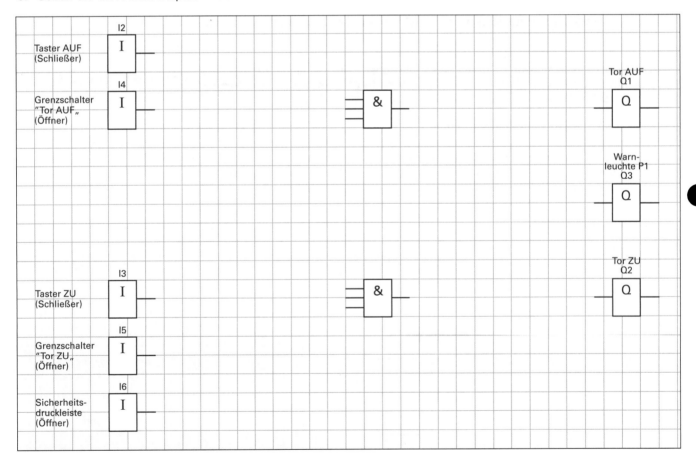

**Bild: Funktionsplan Schwierigkeitsgrad 1 (Handbetrieb)**

 Stellen Sie zur Simulation des Funktionsplans in der Programmiersoftware „**LOGO!Soft Comfort**" folgende Simulationsparameter ein:

| I1: Taster (Öffner) | I4: Schalter | I5: Schalter |
|---|---|---|
| I2: Taster (Schließer) | I3: Taster (Schließer) | I6: Schalter |

## Schwierigkeitsgrad 2: Steuerung mit Automatikbetrieb

Durch die Taster AUF bzw. ZU wird die Bewegung des Tores eingeleitet, sofern die Gegenrichtung nicht eingeschaltet ist. Das Tor wird im Normalfall ganz geöffnet bzw. geschlossen. Das Beenden der Fahrt erfolgt durch den jeweiligen Grenztaster oder jederzeit durch den Taster STOPP. Die Warnleuchte ist 5 Sekunden vor Beginn und während der Fahrt des Tores eingeschaltet.

1. Erstellen Sie entsprechend der **Tabelle** eine Übersicht der folgenden Sonderfunktionen des Kleinsteuergerätes: Ein- und Ausschaltverzögerung, Selbsthalterelais, Stromstoß-relais, Taktgeber und Wochenschaltuhr.
2. Informieren Sie sich über die genaue Funktion der Ein- und Ausschaltverzögerung des Kleinsteuergerätes **(Infoteil Seite 165)**.
3. Vervollständigen Sie den Funktionsplan **(Bild)** der Steuerung für das Kleinsteuergerät.
   Tipp: Verwenden Sie Merker **(Seite 99)**.

**Tabelle: Übersicht der Sonderfunktionen**

| Darstellung im Stromlaufplan | Darstellung in LOGO! | Bezeichnung der Sonderfunktion |
|---|---|---|
| ⊠ | Trg ⎓ ⏦ Q ⎓ T ⎓ ⏧ | Einschalt-verzögerung |
| | | Aus... |

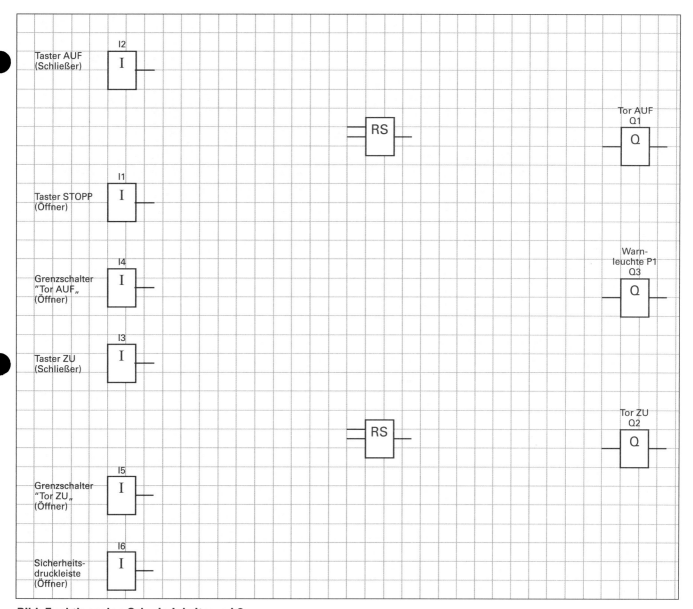

**Bild: Funktionsplan Schwierigkeitsgrad 2**

4. Erstellen Sie den Funktionsplan mit Ihrem Programm und simulieren Sie die Funktion.

5. Wird beim Schließen des Rolltores die Sicherheitsdruckleiste betätigt, fährt das Tor automatisch in die Position „Tor geöffnet". Erweitern Sie den Funktionsplan und testen Sie Ihr Programm.

## Schwierigkeitsgrad 3: Steuerung mit erweitertem Automatikbetrieb

> **ⓘ** Merker können wie Ausgänge verwendet werden. Der Ausgang eines Merkers ist nicht auf eine Anschluss-
> klemme am Kleinsteuergerät geführt und kann nur intern verwendet werden. Merker werden mit einem M
> im Funktionsplan gekennzeichnet, z.B. M1. Am Ausgang eines Merkers liegt immer das Signal des vorherigen
> Programmzyklus an. Innerhalb eines Programmzyklus kann sich der Wert am Ausgang nicht verändern. Die An-
> zahl der zur Verfügung stehenden Merker hängt vom verwendeten Kleinsteuergerät ab.

Beim erweiterten Automatikbetrieb werden zusätzlich zum Schwierigkeitsgrad 2 die Signale der Lichtschranken ausgewetet.
Mithilfe der beiden Lichtschranken B1 und B2 kann eine **Fahrtrichtungserkennung** vorgenommen werden. Möchte ein Fahrzeug
einfahren, so muss der AUF-Taster betätigt werden. Nach Durchqueren der Lichtschranken schließt das Tor automatisch. Wenn
ein Fahrzeug ausfahren möchte, öffnet das Tor automatisch. Zusätzlich werden die ein- und ausfahrenden Fahrzeuge gezählt. Eine
Meldeleuchte in der Pförtnerloge signalisiert, ob die Parkkapazität von 30 Fahrzeugen auf dem Firmengelände erreicht ist.

An der Ausfahrt des Rolltores sind zur Fahrtrichtungserkennung zwei Lichtschranken (B1 und B2) installiert **(Bild 1)**.
Die Signale beider Lichtschranken sind an den Eingängen I1
und I2 des Kleinsteuergerätes angeschlossen.
Durchquert ein Fahrzeug eine Lichtschranke, schaltet der entsprechende Ausgang auf 1.

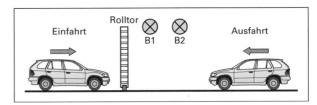

**Bild 1: Fahrtrichtungserkennung mit Lichtschranken**

**1.** Ergänzen Sie den **Funktionsplan (Bild 1, Seite 99)** zur
Fahrtrichtungserkennung entsprechend **Bild 2**. Der
Ausgang Y1 soll schalten, wenn ein Fahrzeug in das
Firmengelände einfährt und der Ausgang Y2 soll schalten,
wenn ein Fahrzeug ausfährt.
Vervollständigen Sie zuerst das **Impulsdiagramm (Bild 3)**
für B1, B2, Y1 und Y2 für die Ein- und Ausfahrt!

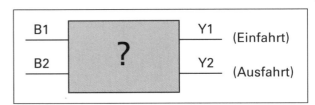

**Bild 2: Funktionsplan**

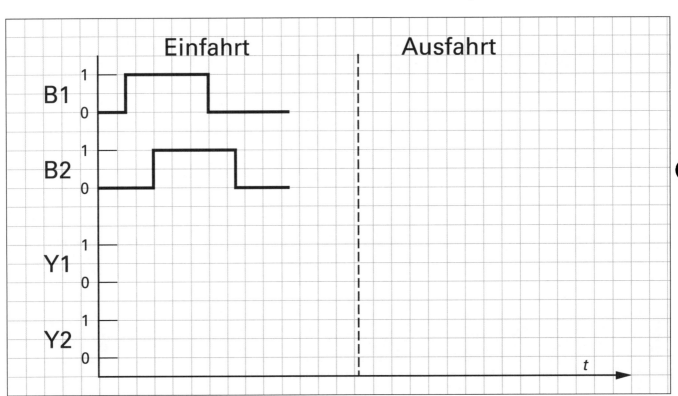

**Bild 3: Impulsdiagramm für die Ein- und Ausfahrt**

Über einen Zähler soll festgestellt werden, wie viele Fahrzeuge sich auf dem Firmengelände befinden. Die einfahrenden
Autos sollen hochgezählt werden, die ausfahrenden Autos müssen wieder herunter gezählt werden. Eine Meldeleuchte
P2 in der Pförtnerloge soll melden, wenn 30 Fahrzeuge oder mehr auf dem Firmengelände sind.

**1.** Informieren Sie sich über die Funktion des Vor-/Rückwärtszähler **(Infoteil, Seite 164)**.
**2.** Ergänzen Sie den Funktionsplan **(Bild, Seite 99)** um die Funktionalität der Zählerschaltung!
Tragen Sie die Meldeleuchte P2 in die Zuordnungsliste auf **Seite 100** ein.

**3.** Erweitern Sie den **Funktionsplan** von Schwierigkeitsgrad 2 (**Bild, Seite 97**) um die Funktion der Richtungserkennung und des Zählers. Achten Sie dabei auf die Vorgaben von Schwierigkeitsgrad 3.

**4.** Erstellen Sie den **Funktionsplan** mit Ihrem Programm und simulieren Sie die Funktion.

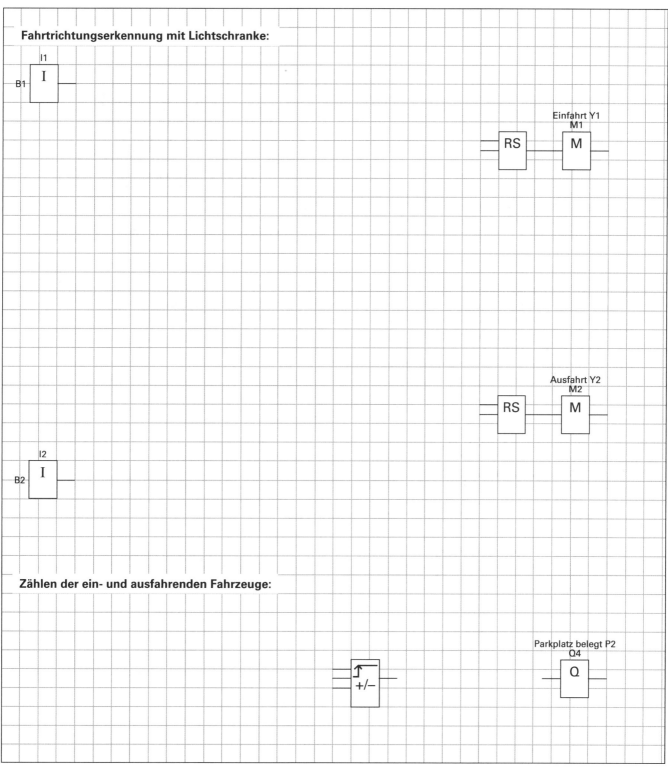

**Bild: Funktionsplan der Fahrtrichtungserkennung mit Lichtschranken und Zähler**

## Technologieschema der Rolltoranlage:

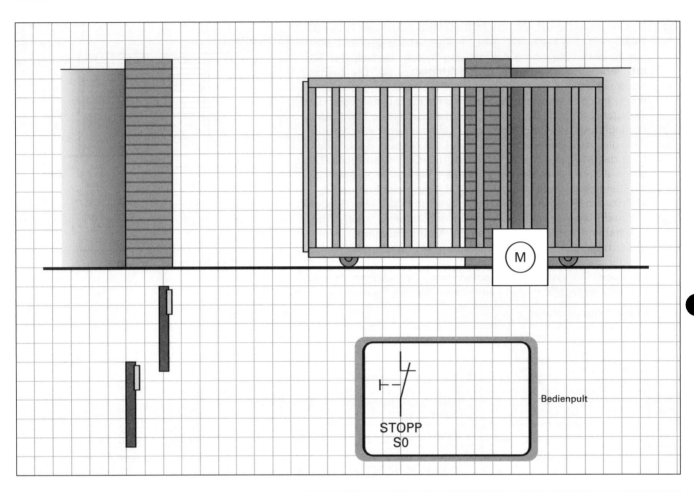

Bedienpult

STOPP
S0

| Zuordnungsliste | | |
|---|---|---|
| Ein- und Ausgänge des Kleinsteuergerätes | Betriebsmittel-kennzeichnung | Beschreibung |
| I1 | S0 | Taster STOPP (Öffner) |
| | | |
| | | |
| | | |
| | | |
| | | |
| | | |
| | | |
| | | |
| | | |
| | | |
| | | |

1. Das Tor einer Elektro-Werkstatt **(Bild)** wird durch den Taster S1 (AUF) und den Taster S2 (AB) im **Tippbetrieb** geöffnet oder geschlossen. Die obere Endstellung meldet Endschalter S3, die untere Endstellung meldet Endschalter S4. Die beiden Kontrollleuchten P1 und P2 zeigen die Endstellung des Tores an. P1 leuchtet wenn das Tor geöffnet ist. P2 leuchtet wenn das Tor geschlossen ist. Eine Schützverriegelung und eine Verriegelung im Programm des Kleinsteuergerätes verhindern gleichzeitigen Rechts-Links-Lauf des Motors. Bei Überlastung des Motors soll das Tor durch das Überstromrelais (F1) sofort abgeschaltet werden. Erstellen Sie das Programm für ein Kleinsteuergerät wie z.B.: **LOGO!**, **Easy** oder **Pharao**.

a) Erstellen Sie eine Zuordnungstabelle und skizzieren Sie den Anschluss der elektrischen Betriebsmittel (Taster, Endschalter, Hauptschütze, ...) an das Kleinsteuergerät.

b) Zeichnen Sie je nach Kleinsteuergerät den Funktionsplan oder den Kontaktplan.

c) Geben Sie den Funktionsplan bzw. Kontaktplan in das Kleinsteuergerät ein und simulieren Sie das Programm.

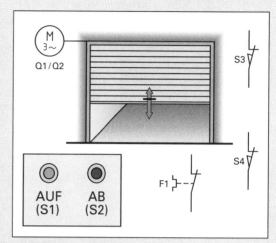

**Bild: Rolltor Elektrowerkstatt**

a) Zuordnungstabelle:

| Ein- und Ausgänge des Kleinsteuergerätes | Betriebsmittelkennzeichnung | Beschreibung |
|---|---|---|
| | | Taster Rolltor AUF (Schließer) |
| | | Taster Rolltor AB (Schließer) |
| | | Endschalter Rolltor geschlossen (Öffner) |
| | | Endschalter Rolltor offen (Öffner) |
| | | Motorschutzrelais (Öffner) |
| | | Hauptschütz, Tor AUF, Motor Rechts-Lauf |
| | | Hauptschütz, Tor ZU, Motor Links-Lauf |
| | | Meldeleuchte Tor geöffnet |
| | | Meldeleuchte Tor geschlossen |

Anschluss:

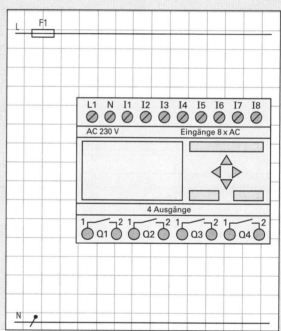

b) Funktionsplan:

**2.** Für einen Baustellenaufzug **(Bild)** ist ein Steuerungsprogramm zu entwickeln. Der Aufzugskorb soll sich zwischen den beiden Endschaltern „oben" und „unten" automatisch bewegen können. Bei Betätigung des STOPP-Tasters bleibt der Aufzug unverzüglich stehen. Wird anschließend der AUF- / AB-Taster betätigt, wird die Fahrt automatisch fortgesetzt. Als Antrieb dient ein Drehstrommotor, der über die Schütze Q1 (AUF) und Q2 (AB) geschaltet wird. Eine Schützverriegelung und eine Verriegelung im Programm des Kleinsteuergerätes verhindern gleichzeitigen Rechts-Links-Lauf. Bei Überlastung des Motors soll der Aufzug durch das Überstromrelais (F1) sofort abgeschaltet werden.

**a)** Erstellen Sie eine Zuordnungstabelle und skizzieren Sie den Anschluss der Betriebsmittel an das Kleinsteuergerät.

**b)** Zeichnen Sie den Funktionsplan bzw. Kontaktplan.

**c)** Geben Sie den Funktionsplan bzw. Kontaktplan in das Kleinsteuergerät ein und simulieren Sie das Programm.

**a)** Zuordnungstabelle:

| Ein- und Ausgänge des Kleinsteuer- gerätes | Betriebs- mittel- kennzeich- nung | Beschreibung |
|---|---|---|
| | | Taster Aufzug AUF (Schließer) |
| | | Taster Aufzug STOPP (Öffner) |
| | | Taster Aufzug AB (Schließer) |
| | | Endschalter Aufzug unten (Öffner) |
| | | Endschalter Aufzug oben (Öffner) |
| | | Motorschutzrelais (Öffner) |
| | | Hauptschütz, Aufzug AUF |
| | | Hauptschütz, Aufzug AB |

Anschluss:

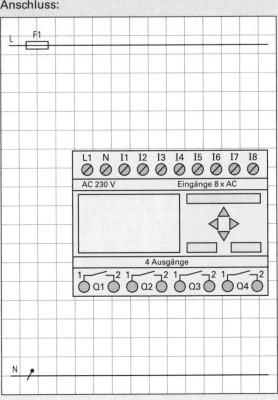

**b)** Funktionsplan:

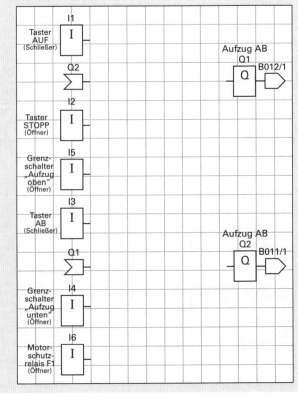

**Bild: Baustellenaufzug**

3. Drei Förderbänder **(Bild)** bilden eine Förderanlage zum Kiestransport. Die Antriebsmotoren können einzeln ein- und ausgeschaltet werden. Eine geeignete Einschaltfolge, zuerst Band 1 – dann Band 2 – zuletzt Band 3, und Ausschaltfolge in umgekehrter Reihenfolge sollen Stauungen des Fördergutes verhindern (siehe auch **Seite 87**, Verriegelungsschaltung 4).
Die **verbindungsprogrammierte Steuerung (Bild)** soll durch eine **speicherprogrammierte Steuerung** mit einem Kleinsteuergerät ersetzt werden.
**a)** Erstellen Sie eine Zuordnungsliste und skizzieren Sie den Anschluss der Betriebsmittel an das Kleinsteuergerät.
**b)** Zeichnen Sie den Funktionsplan **(Seite 104)** bzw. Kontaktplan.
**c)** Geben Sie den Funktionsplan bzw. Kontaktplan in das Kleinsteuergerät ein und simulieren Sie das Programm.

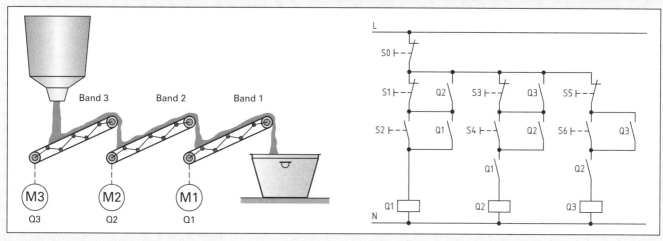

**Bild: Förderanlage mit Schützsteuerung**

**a)** Zuordnungstabelle:

Anschluss:

| Ein- und Ausgänge des Kleinsteuergerätes | Betriebs-mittel-kennzeich-nung | Beschreibung |
|---|---|---|
| | | Taster Anlage AUS(Öffner) |
| | | Taster Motor M1 AUS (Öffner) |
| | | Taster Motor M1 EIN (Schließer) |
| | | Taster Motor M2 AUS (Öffner) |
| | | Taster Motor M2 EIN (Schließer) |
| | | Taster Motor M3 AUS (Öffner) |
| | | Taster Motor M3 EIN (Schließer) |
| | | Hauptschütz, Motor M1 |
| | | Hauptschütz, Motor M2 |
| | | Hauptschütz, Motor M3 |

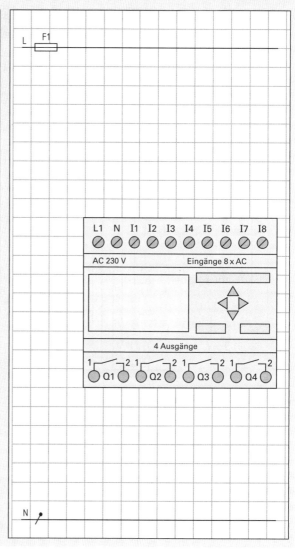

**b)** Funktionsplan:

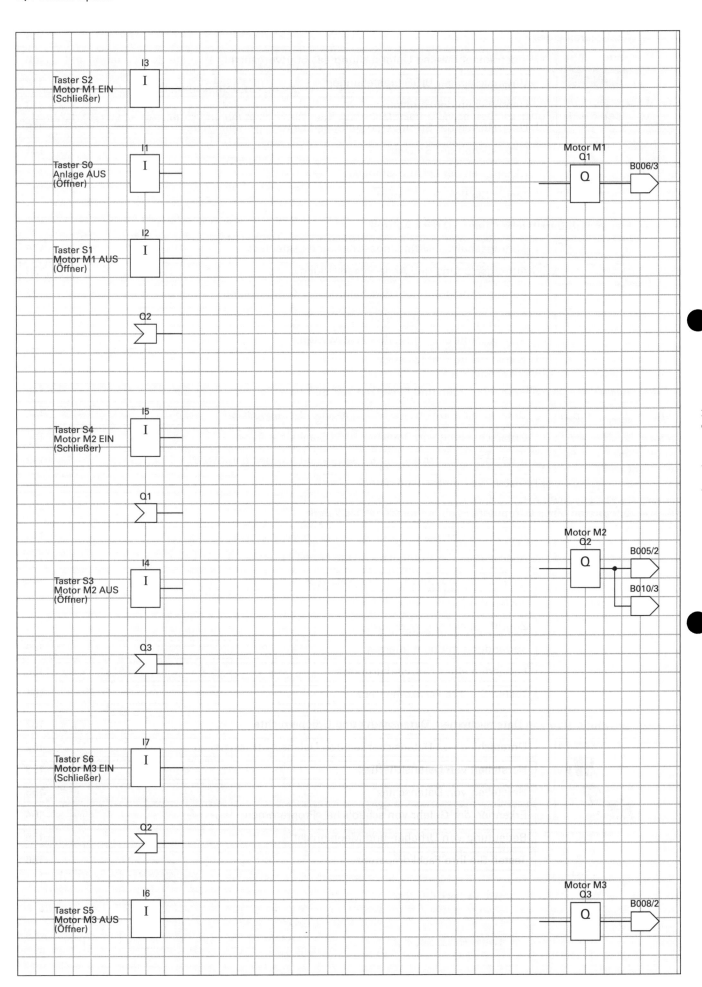

## Informationstechnische Systeme bereitstellen

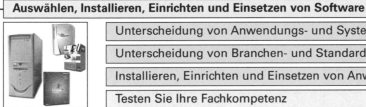

## Lernsituation: Analysieren eines PC

Die Firma Elektro-Rundumfix führt die Installation von Elektro-anlagen und Computernetzwerken aus. Um den Kunden-service weiter auszubauen hat sie nun auch den Verkauf sowie die Erweiterung und Reparatur von Personal Computer (**Bild 1**) in ihrem Angebot aufgenommen.
Ein Kunde, der sich soeben einen neuen PC gekauft hat, gibt den Auftrag, seinen ein Jahr alten Computer zu überprüfen, bevor er ihn weiter veräußert.
Es soll die vorhandene Hard- und Software des alten Com-puters getestet und der Zustand protokolliert werden. Sie sol-len den PC in der Werkstatt in Betrieb nehmen und die Über-prüfung durchführen.

**Bild 1: Personal Computer (PC)**

 Fachkunde Elektrotechnik, Kapitel: Grundbegriffe der Computertechnik

### Arbeitsauftrag 1: Inbetriebnahme und Untersuchung des Startvorgangs

**1.** Auf der Rückseite des PC (**Bild 2 und Bild 3**) befinden sich verschiedene Anschlussmöglichkeiten. Diese Übergänge vom Computer zur Peripherie werden auch als Schnittstellen bezeichnet. Nennen Sie in **Tabelle 1** und **Tabelle 2** jeweils die Bezeichnung auch als Abkürzung und ein Beispiel für eine Anschlussmöglichkeit.

**Bild 2: PC-Anschlüsse**

Nachdruck, auch auszugsweise, nur mit Genehmigung des Verlages.
Copyright 2007 by Europa-Lehrmittel

**Tabelle 1: Anschlussmöglichkeiten für PC**

| Nr. | Bezeichnung | Beispiel |
|---|---|---|
| 1 | PS/2 | Tastatur |
| 2 | | |
| 3 | | |
| 4 | | |
| 5 | | |
| 6 | | |
| 7 | | |
| 8 | | |
| 9 | | |

**Bild 3: PC-Audio-Anschlüsse**

**Tabelle 2: Audio-Anschlussmöglichkeiten für PC**

| Nr. | Bezeichnung | Beispiel |
|---|---|---|
| 10 | | |
| 11 | | |
| 12 | | |

Das Starten des PC ist ein längerer Vorgang. Er wird auch als Booten bezeichnet. Das **Bild** zeigt dabei den prinzipiellen Ablauf.

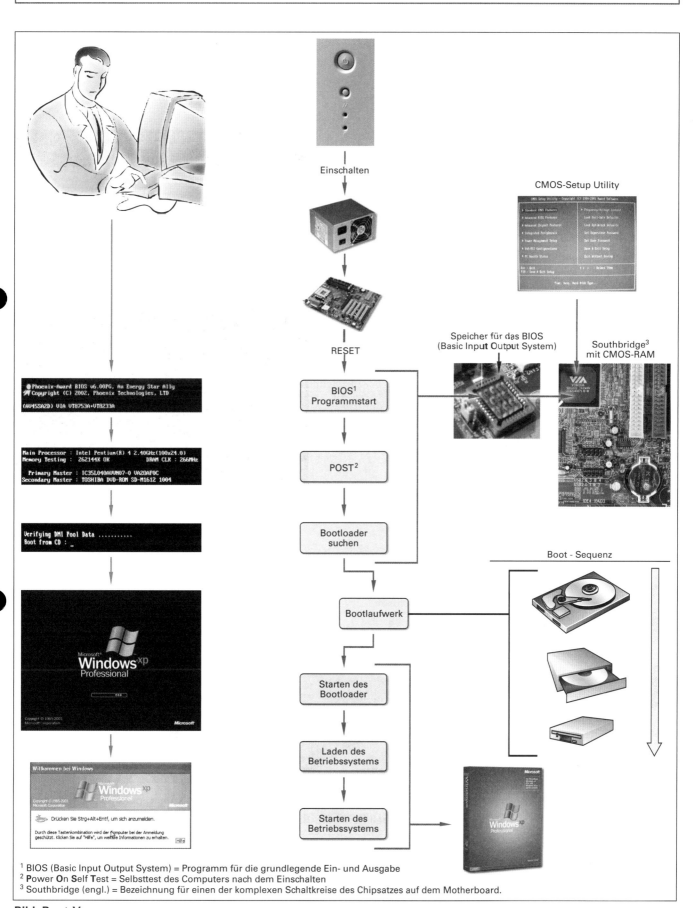

Einschalten

CMOS-Setup Utility

RESET

Speicher für das BIOS
(Basic Input Output System)

Southbridge[3]
mit CMOS-RAM

BIOS[1]
Programmstart

POST[2]

Bootloader
suchen

Boot - Sequenz

Bootlaufwerk

Starten des
Bootloader

Laden des
Betriebssystems

Starten des
Betriebssystems

[1] BIOS (Basic Input Output System) = Programm für die grundlegende Ein- und Ausgabe
[2] **P**ower **O**n **S**elf **T**est = Selbsttest des Computers nach dem Einschalten
[3] Southbridge (engl.) = Bezeichnung für einen der komplexen Schaltkreise des Chipsatzes auf dem Motherboard.

**Bild: Boot-Vorgang**

**2.** Beim Einschalten des PC wird ein RESET ausgelöst.
Welche grundlegende Aufgabe besitzt dieses Signal?

www.wikipedia.org
www.computerlexikon.de
Suchbegriff: RESET

**3.** Der RESET kann meistens auch durch einen RESET-Taster ausgelöst werden. Warum wird dieser Taster benötigt?

**4.** Beim Starten erscheint kurzzeitig die Anzeige nach **Bild 1**.
Geben Sie zwei Hinweise an, die aus den dargestellten
Informationen abgeleitet werden können.

● Phoenix-Award BIOS v6.00PG, An Energy Star Ally
Copyright (C) 2002, Phoenix Technologies, LTD
(AV45SAZD) VIA VT8753A+VT8233A

**Bild 1: Anzeige Startbildschirm**

1. _____

2. _____

ℹ️ Nach dem Starten wird der so genannte POST (**P**ower **O**n **S**elf **T**est), ein Bestandteil des BIOS-Programms, durchgeführt. Dabei werden auch kurzzeitig Informationen über die verwendete Hardware angezeigt (**Bild 2**). Durch das Betätigen der Pause Taste können Sie die angezeigten Daten genau erkennen. Das Drücken der Return-Taste setzt den Startvorgang fort.

**5.** Welcher Mikroprozessortyp wird verwendet?

**6.** Die Speicheranzeige erfolgt beim Start in der gleichen Art,
wie sie bei den ersten PCs mit dem DOS-Betriebssystem
verwendet wurde. Dabei war der Arbeitsspeicher (Base
Memory) 640 KB groß. Der Speicherbereich für das Betriebssystem hatte eine Größe von 384 KB. Zusätzlicher
Speicher wurde als erweiterter Speicher (Extended Memory) bezeichnet. Berechnen Sie aus den Angaben (**Bild 2**) die
Gesamtgröße des vorhandenen Arbeitsspeichers.

📖 Fachkunde Elektrotechnik, Kapitel: Speicher

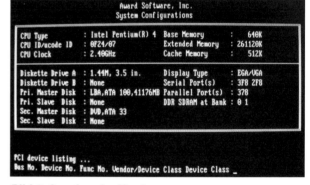

**Bild 2: Anzeige der Hardware**

_____ kB          _____ MB

**7.** Geben Sie weitere Informationen aus dem Bildschirmausschnitt (**Bild 2**) in der **Tabelle 1** an.

| Tabelle 1: Informationen aus dem Startbildschirm | | | |
|---|---|---|---|
| Art des Speichermoduls für den Arbeitsspeicher | Kapazität der Festplatte | Taktfrequenz des Mikroprozessors | Größe des Cache-Speichers für den Mikroprozessor |
|  |  |  |  |

**8.** Welchen Vorteil bewirkt der Cache-Speicher in der CPU für
einen PC?

www.wikipedia.org          Suchbegriff: Cache

**9.** Während des Ladens des Betriebssystems ist oft das verwendete Betriebssystem zu erkennen. Nennen Sie in
**Tabelle 2** drei aktuelle Betriebssysteme für PC von verschiedenen Herstellern bzw. von Vertriebspartnern mit ihrer
genauen Bezeichnung der Version.

| Tabelle 2: Beispiele für Betriebssysteme von verschiedenen Herstellern bzw. Vertriebspartnern | |
|---|---|
| Hersteller/Vertriebspartner | Bezeichnung des Betriebssystems |
|  |  |
|  |  |
|  |  |

**10.** Kurz nach dem Start erscheint die BIOS-Fehlermeldung nach **Bild 1**.

www.nickles.de/biosguide

```
DISK BOOT FAILURE, INSERT SYSTEM DISK AND PRESS ENTER
```

**Bild 1: Fehlermeldung**

Nennen Sie drei mögliche Fehlerursachen.

1. _____

2. _____

3. _____

**11.** Am Ende des Startvorgangs erscheint das Anmeldefenster auf dem Bildschirm **(Bild 2)**. Welchen Zweck verfolgt das Angeben von Benutzername und Kennwort?

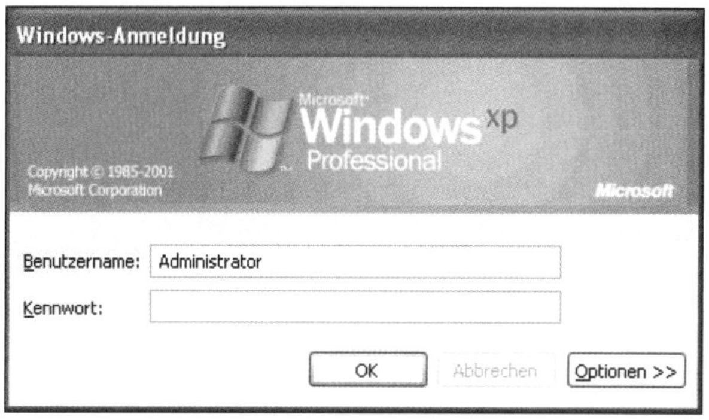

_____

_____

_____

_____

_____

_____

**Windows-Anmeldung**

Microsoft® **Windows** xp Professional

Copyright © 1985-2001
Microsoft Corporation

_Microsoft_

Benutzername: Administrator

Kennwort:

OK    Abbrechen    Optionen >>

**Bild 2: Anmeldefenster**

**12.** Um alle Einstellungen des Betriebssystems zu kontrollieren und nötigenfalls auch verändern zu können, benötigen Sie eine bestimmte Zugangsberechtigung. Nennen Sie jeweils den Standard-Benutzernamen der über diese besonderen Berechtigungen verfügt.

a) Windows® Betriebssystem: _____    b) Linux Betriebssystem: _____

**13.** Manche Personen möchten in ein Computersystem eindringen, in dem sie versuchen, das Kennwort durch eine Vielzahl unterschiedlicher Kennworteingaben zu erraten (Passwort Cracker). Geben Sie drei Möglichkeiten an, die ein solches Eindringen in das Computersystem erschweren.

1. _____

2. _____

3. _____

**14.** Der Kunde hat das Kennwort für den Zugang vergessen (Betriebssystem Windows® XP). Welche Möglichkeiten existieren für das weitere Vorgehen?

www.microsoft.de

_____

_____

**15.** Mit der Tastenkombination „Strg+Alt+Del" gelangt man aus dem Betriebssystem in das Anmeldefenster. Hier befindet sich die Funktion für das Abmelden und Herunterfahren. Geben Sie weitere fünf wichtige Funktionen und Informationen an, die in diesem Fenster vorhanden sind.

1. _____

2. _____

3. _____

4. _____

5. _____

## Arbeitsauftrag 2: Untersuchen der BIOS-Einstellungen

Bei einem RESET wird das BIOS (**B**asic **I**nput **O**utput **S**ystem) gestartet. Dieses Programm besitzt mehrere Aufgaben. Beim Start des PC müssen bestimmte ICs (Integrierte Schaltkreise) auf einen Anfangszustand gesetzt (initialisiert) werden. Außerdem wird ein Selbsttest (POST) durchgeführt. Es stellt auch Programmteile zur Steuerung der auf dem Motherboard vorhandenen Hardware zur Verfügung. Diese Programme werden auch als Treiber bezeichnet. Die Treiber im BIOS werden vor allem beim Start benötigt, wenn das auf der Festplatte gespeicherte Betriebssystem noch nicht geladen ist aber trotzdem bereits auf die Hardware zugegriffen werden muss. Ist der Startvorgang durch das BIOS beendet, wird über diese Treiber auch auf die Festplatte zugegriffen um mithilfe des dort gespeicherten Bootloaders das Betriebssystem zu laden.

Fachkunde Elektrotechnik, Kapitel: Hardware

www.bios-info.de

1. Beschreiben Sie kurz die drei wichtigen Aufgaben des BIOS.

   - 
   - 
   - 

2. In dem abgebildeten Schaltkreis **(Bild 1)** ist das BIOS gespeichert. Der Inhalt dieses Speichers muss auch nach dem Ausschalten beim nächsten Start noch vorhanden sein. Welche zwei grundlegenden Speichertechnologien werden dazu verwendet?

   1. 

   2. 

3. In der Anfangszeit der PC-Technik musste bei der Aktualisierung des BIOS (BIOS-Update) der Speicher gewechselt werden. Heute wird das BIOS „geflasht". Was versteht man unter diesem Vorgang?

**Bild 1: BIOS-Schaltkreis**

4. Warum ist trotz der Flash-Möglichkeit der Speicher für das BIOS steckbar?

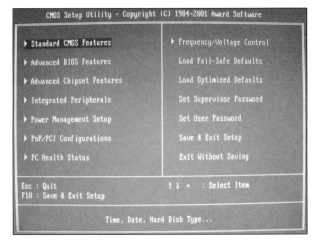

**Bild 2: Menü CMOS-Setup**

Beim Start wird evtl. kurzzeitig der Text angezeigt:
   **„Press DEL to SETUP"**
Beim Betätigen dieser Taste erscheint die Benutzeroberfläche **(Bild 2)**. Das aufgerufene Programm ist das CMOS-Setup-Utility, welches je nach BIOS-Version unterschiedlich aussehen kann. Über das angezeigte Menü können bestimmte Einstellungen im so genannten CMOS-RAM verändert werden. Beim Starten wird das CMOS-RAM vom BIOS gelesen, um aufgrund der dort abgelegten Informationen die entsprechende Initialisierung an den Hardwarekomponenten durchzuführen.

> Das CMOS-RAM ist ein Schreib-/Lesespeicher, der auch im ausgeschalteten Zustand seine Informationen behält, weil er durch eine Batterie gestützt wird.

**5.** Im **Bild 1 links oben** ist der Schaltkreis, der unter anderem das CMOS-RAM enthält, zu sehen. In welchem Zusammenhang steht das CMOS-RAM mit dem BIOS?

VIA
VT8233A
0213CD TAIWAN
2IA2043671
USB2.0 3 & 4
USB2.0 1 & 2
IDE4 RAID2
LITHIUM BATTERY
JAPAN STD
CR2032
CMOS
Normal
Clear
**Bild 1: CMOS-RAM und Southbridge**

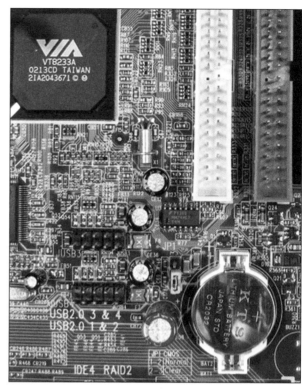

**6.** Welche Aufgabe besitzt die Lithium-Batterie in der Nähe des CMOS-RAM **(Bild 1 rechts unten)**?

**7.** Untersuchen Sie die Möglichkeiten des CMOS-Setup Utility. Finden Sie die Bezeichnungen der Menüpunkte im Hauptmenü, über die Sie die Einstellungen in der **Tabelle** durchführen können.

**Tabelle: Beispiele für Einstellmöglichkeiten im CMOS-Setup-Utility**

| Einstellungsmöglichkeit | Bezeichnung für den Menüpunkt im Hauptmenü |
|---|---|
| Uhrzeit und Datum | |
| Standard Vorgabewerte für das CMOS-RAM laden z.B. nach Austausch der Batterie | |
| Bootsequenz | |
| Ausschalten des PCs nur möglich, wenn die Ein/Aus-Taste für 4 Sekunden gedrückt wurde | |



**8.** Suchen Sie in der Setup-Utility die Einstellmöglichkeit der so genannten Bootsequenz **(Bild 2)**. Welche Veränderung im Startverhalten des PC wird durch Ändern der Bootsequenz erreicht?

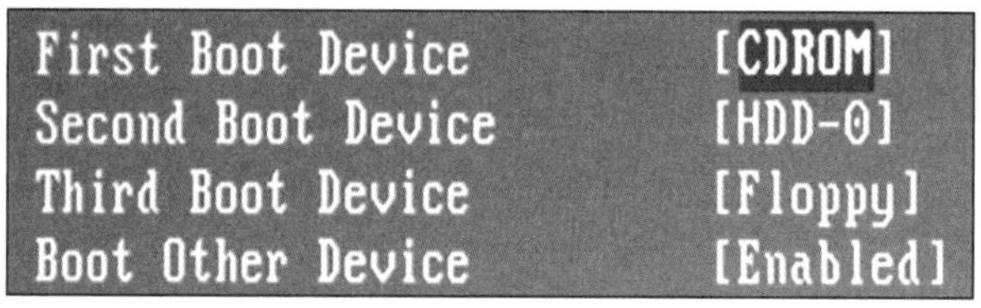

First Boot Device [CDROM]
Second Boot Device [HDD-0]
Third Boot Device [Floppy]
Boot Other Device [Enabled]
**Bild 2: Einstellung Bootsequenz**

**9.** Das BIOS kann über ein Passwort **(Bild 3)** gesichert werden. Warum sollte diese Möglichkeit genutzt werden?

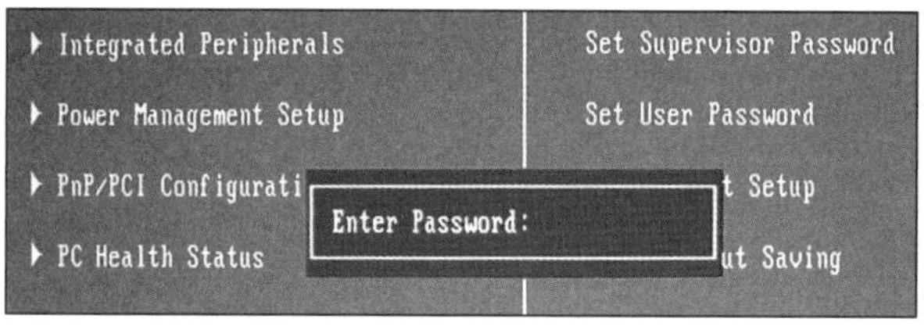

Integrated Peripherals
Power Management Setup
PnP/PCI Configurati
PC Health Status
Set Supervisor Password
Set User Password
t Setup
ut Saving
Enter Password:
**Bild 3: BIOS Passwort**

**10.** Protokollieren Sie die Vorgehensweise für die Einstellungen zum Absichern des BIOS.

1.

2.

3.

11. Ein Kunde hat geäußert, dass sein Rechner instabil ist, also öfter „abstürzt", nachdem er bestimmte BIOS-Einstellungen verändert hat. Er hat jedoch das BIOS-Passwort vergessen und kann darum seine Einstellungen nicht mehr korrigieren. In der Beschreibung des Motherboards **(Bild)** wird eine Erklärung gegeben, mit der das Problem gelöst werden kann. Übersetzen Sie die angegebenen Hinweise zur Problemlösung.

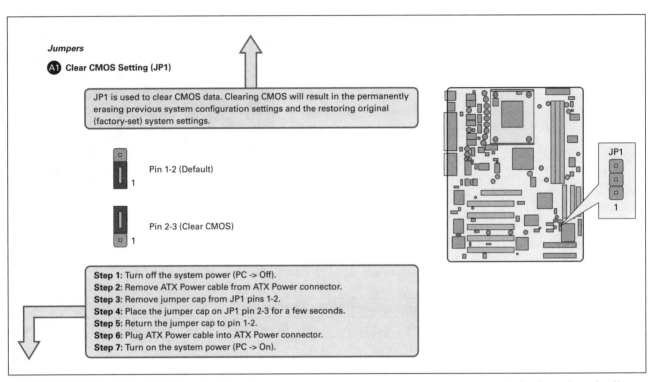

**Bild: Auszug aus Motherboardbeschreibung**

Schritt 1: _____

Schritt 2: _____

Schritt 3: _____

Schritt 4: _____

Schritt 5: _____

Schritt 6: _____

Schritt 7: _____

12. Erklären Sie weitere Möglichkeiten **(Tabelle)**, um den Zugang für die BIOS-Einstellungen wieder zu erhalten.

www.bios-info.de

| Tabelle: Beispiele zur Problemlösung bei nicht mehr vorhandenen BIOS-Kennwort | |
|---|---|
| **Möglichkeit** | **Erläuterung der Vorgehensweise** |
| Masterkennwort | |
| Batterie für CMOS-RAM entnehmen | |

## Arbeitsauftrag 3: Untersuchen der Hardware

Um die Hardware zu prüfen, muss der PC geöffnet werden. Ein möglicher Fehler kann dabei oft noch rechtzeitig erkannt werden. **Vor dem Arbeiten an der Hardware im Computer müssen noch wichtige vorbeugende Maßnahmen (Tabelle 1) beachtet werden um Schäden an der Hardware zu verhindern!**

**1.** Erklären Sie an den Bildern **(Tabelle 1)** jeweils die Gefahr, die bei Nichteinhaltung besteht.

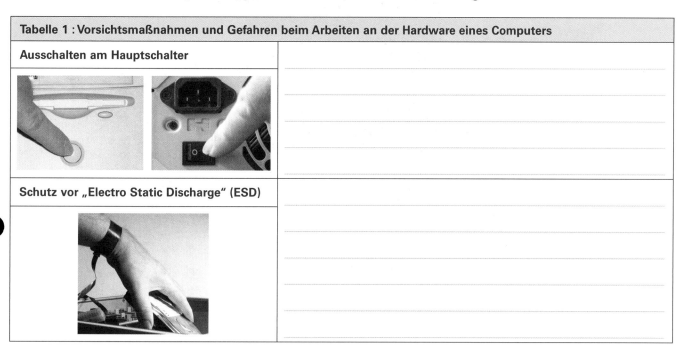

| Tabelle 1 : Vorsichtsmaßnahmen und Gefahren beim Arbeiten an der Hardware eines Computers | |
|---|---|
| **Ausschalten am Hauptschalter** | |
| **Schutz vor „Electro Static Discharge" (ESD)** | |

**2.** Beschreiben Sie zu den Bildern in der **Tabelle 2 a)** die Fehlerquelle und **b)** die möglichen Folgen.

| Tabelle 2 : Mögliche Gefahren im Computer | |
|---|---|
| **Netzteil Stecker** | a)<br>b) |
| **Grafikkarte** | a)<br>b) |
| **Motherboard** | a)<br>b) |

**3.** Benennen Sie die Komponenten und Anschlüsse auf dem Motherboard **(Bild)**.

www.hardwaregrundlagen.de

**Bild: Motherboard**

1. _____
2. _____
3. _____
4. _____
5. _____
6. _____
7. _____

8. _____
9. _____
10. _____
11. _____
12. _____
13. _____
14. _____

**4.** Finden Sie drei verschiedene aktuelle <u>Hersteller</u> von Motherboards über eine Internetrecherche.

1. _____

2. _____

3. _____

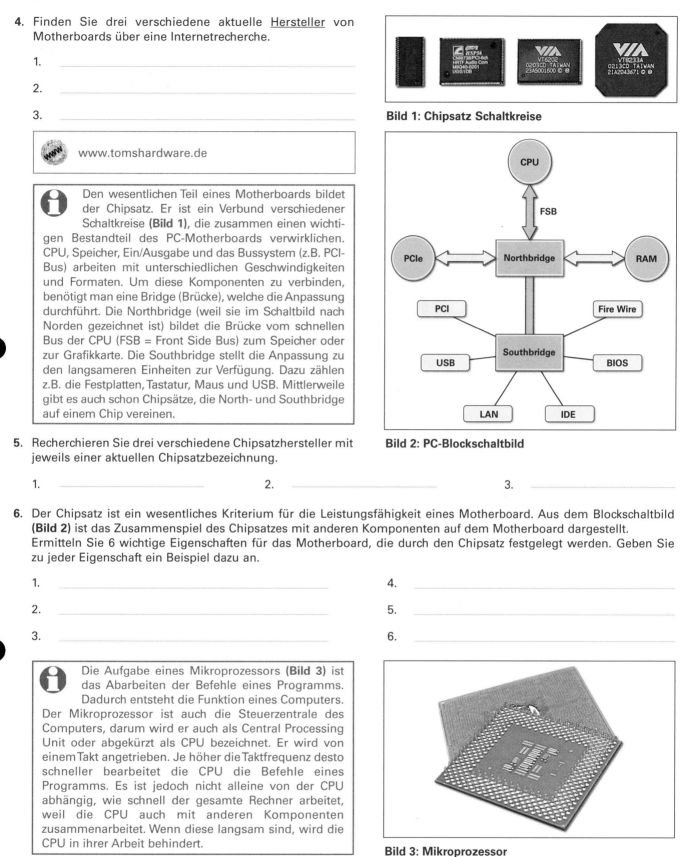

**Bild 1: Chipsatz Schaltkreise**

> www.tomshardware.de

> **ⓘ** Den wesentlichen Teil eines Motherboards bildet der Chipsatz. Er ist ein Verbund verschiedener Schaltkreise **(Bild 1)**, die zusammen einen wichtigen Bestandteil des PC-Motherboards verwirklichen. CPU, Speicher, Ein/Ausgabe und das Bussystem (z.B. PCI-Bus) arbeiten mit unterschiedlichen Geschwindigkeiten und Formaten. Um diese Komponenten zu verbinden, benötigt man eine Bridge (Brücke), welche die Anpassung durchführt. Die Northbridge (weil sie im Schaltbild nach Norden gezeichnet ist) bildet die Brücke vom schnellen Bus der CPU (FSB = Front Side Bus) zum Speicher oder zur Grafikkarte. Die Southbridge stellt die Anpassung zu den langsameren Einheiten zur Verfügung. Dazu zählen z.B. die Festplatten, Tastatur, Maus und USB. Mittlerweile gibt es auch schon Chipsätze, die North- und Southbridge auf einem Chip vereinen.

**Bild 2: PC-Blockschaltbild**

**5.** Recherchieren Sie drei verschiedene Chipsatzhersteller mit jeweils einer aktuellen Chipsatzbezeichnung.

1. _____     2. _____     3. _____

**6.** Der Chipsatz ist ein wesentliches Kriterium für die Leistungsfähigkeit eines Motherboard. Aus dem Blockschaltbild **(Bild 2)** ist das Zusammenspiel des Chipsatzes mit anderen Komponenten auf dem Motherboard dargestellt. Ermitteln Sie 6 wichtige Eigenschaften für das Motherboard, die durch den Chipsatz festgelegt werden. Geben Sie zu jeder Eigenschaft ein Beispiel dazu an.

1. _____     4. _____

2. _____     5. _____

3. _____     6. _____

> **ⓘ** Die Aufgabe eines Mikroprozessors **(Bild 3)** ist das Abarbeiten der Befehle eines Programms. Dadurch entsteht die Funktion eines Computers. Der Mikroprozessor ist auch die Steuerzentrale des Computers, darum wird er auch als Central Processing Unit oder abgekürzt als CPU bezeichnet. Er wird von einem Takt angetrieben. Je höher die Taktfrequenz desto schneller bearbeitet die CPU die Befehle eines Programms. Es ist jedoch nicht alleine von der CPU abhängig, wie schnell der gesamte Rechner arbeitet, weil die CPU auch mit anderen Komponenten zusammenarbeitet. Wenn diese langsam sind, wird die CPU in ihrer Arbeit behindert.

**Bild 3: Mikroprozessor**

**7.** Nennen Sie neben der CPU vier weitere Komponenten, welche die Geschwindigkeit des Gesamtsystems bestimmen.

1. _____     3. _____

2. _____     4. _____

> ℹ️ Je schneller ein Schaltkreis getaktet wird, desto höher ist der Leistungsverlust innerhalb des Bauteils und dadurch steigt dessen Wärmeentwicklung. Das führt dazu, dass die meisten kritischen Bauteile einen Kühlkörper oder zusätzlich einen Ventilator **(Bild 1)** besitzen. Überschreitet die Temperatur einen bestimmten Grenzwert wird das Halbleitermaterial zerstört. Bei der Taktung ist auch zu beachten, dass alle Schaltkreise nur bis zu einer bestimmten Taktfrequenz ihre Arbeit richtig ausführen können. Beim Überschreiten dieser maximalen Taktfrequenz ist neben der Erwärmung auch die richtige Funktion nicht mehr gewährleistet, weil manche Bauteile nicht für die hohe Taktfrequenz ausgelegt sind.

**Bild 1: CPU mit Kühlkörper und Ventilator**

8. Innerhalb der meisten CMOS-Utilities können die aktuelle Temperatur sowie auch andere wichtige Größen über-prüft werden. Erklären Sie die Bedeutung der Bezeichnungen aus dem Hardware-Monitor **(Bild 2)**:

   a) ACPI Shut Down Temperature

   _____

   _____

   _____

   b) CPU Fan Speed

   _____

   _____

   c) Vcore

   _____

   _____

   _____

**Bild 2: Hardware-Monitor**

9. „PC-Bastler" erhöhen manchmal die Taktfrequenz um die Leistungsfähigkeit ihres Computers zu verbessern. Nennen Sie drei nachteilige Auswirkungen.

   1. _____

   2. _____

   3. _____

10. Geben Sie drei wichtige Kriterien an, die für die Auswahl einer leistungsfähigen CPU wichtig sind:

   1. _____  2. _____  3. _____

11. Motherboards sind mit ihren Chipsätzen auf bestimmte CPU-Typen ausgelegt. Ermitteln Sie zu den aktuellen Herstellern für Mikroprozessoren jeweils zwei aktuelle CPU-Typen. Geben Sie zu jeder CPU die jeweiligen Kennwerte von **Aufgabe 10** an. Ergänzen Sie die **Tabelle**.

| Tabelle: CPU-Typen, Kennwerte und Hersteller | | |
|---|---|---|
| **Hersteller des Mikroprozessors** | Intel® | AMD® |
| **Typ 1** | | |
| **Typ 2** | | |

Nachdruck, auch auszugsweise, nur mit Genehmigung des Verlages. Copyright 2007 by Europa-Lehrmittel

12. Halbleiterspeicher werden z.B. in RAM und ROM eingeteilt. Geben Sie in **Tabelle 1** jeweils die ungekürzte Bezeichnung der Abkürzung an und erklären Sie deren Bedeutung.

**Tabelle 1: Allgemeine Bezeichnungen für Halbleiterspeicher und deren Bedeutung**

| Abkürzung | Bezeichnung | Bedeutung |
|-----------|-------------|-----------|
| ROM | | |
| RAM | | |

> ℹ️ Während im ROM Programme und Daten gespeichert werden, die auch nach dem Ausschalten noch erhalten bleiben (= nicht flüchtiger Speicher), wird der RAM für Programme und Daten verwendet, die sich während des Betriebes ändern können (= flüchtiger Speicher). RAM-Speicher werden darum auch als Arbeitsspeicher bezeichnet.

13. Bei den Halbleiterspeichern werden einige grundsätzliche Technologien unterschieden. Ergänzen Sie die folgende Übersicht:

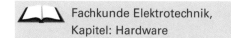
📖 Fachkunde Elektrotechnik, Kapitel: Hardware

**Halbleiterspeicher**

Flüchtige Speicher ⬅️ ➡️ Nicht flüchtige Speicher

⬇️

- **SRAM = Static RAM**

⬇️

- **PROM = Programmable ROM**

14. Wegen der immer schneller werdenden Mikroprozessoren mussten auch die Speicher in ihrer Arbeitsgeschwindigkeit besser werden, damit der Mikroprozessor nicht in seiner Arbeit behindert wird. Durch verfeinerte Technologien und Zugriffstechniken gelang es, die Speicher ständig schneller (kürzere Zugriffszeit) und in ihrem Fassungsvermögen (Speicherkapazität) größer werden zu lassen. Es existieren verschiedene Speichertypen auf dem Markt, die nicht gegeneinander austauschbar sind, und die man deshalb unterscheiden können muss. Beim PC-Arbeitsspeicher werden mehrere Speicherchips auf einem Speichermodul zusammengefasst. Diese gibt es in unterschiedlichen Ausführungen.

Nennen Sie die Bezeichnungen der Speichermodule **(Tabelle 2)** und geben Sie zu den angegebenen Typenbezeichnungen jeweils die Anzahl der Anschlusspins, die maximale Taktfrequenz für den Zugriff auf den Speicher sowie die Übertragungsbandbreite in MB/s (Megabyte pro Sekunde) an.

**Tabelle 2: RAM-Speichermodule für PC**

| Bild | Bezeichnung | Wichtige Eigenschaften |
|------|-------------|------------------------|
| | | PC133 |
| | | PC3500 (DDR433) |
| | | PC800 |

**15.** Erläutern Sie die Fachbegriffe **a)** Speichertechnologie **b)** Speicherkapazität und **c)** Bandbreite bei einem Speicher und geben Sie dazu jeweils ein Beispiel aus der Praxis an.

**a)**

**b)**

**c)**

**16.** Aus dem Aufdruck eines Speichermoduls **(Bild 1)** sollen folgende Werte ermittelt werden:
a) Bandbreite

Bild 1: Aufdruck Speichermodul

b) Speicherkapazität

---

## Arbeitsauftrag 4: Untersuchen der Stromversorgung und Leitungsverbindungen

**1.** Messen Sie die Leistungsaufnahme **(Bild 2)** bei einem

**a)** PC im Betrieb mit Desktop

**b)** PC während des Betriebes mit einer bewegten Grafik

**c)** Monitor

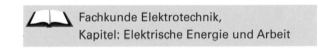

Bild 2: Leistungsmessgerät

**d)** Welche Bedeutung hat die Leistungsangabe auf dem Netzteilaufdruck **(Bild 3)** im Vergleich mit den von Ihnen gemessenen Werten?

**MODEL NO: ATX-300GT**
**AC INPUT: 230V~, 4A, 50Hz**
**DC OUTPUT: 300W**
**+3.3V $=$ 20.0A(ORG), +5V$=$ 30**
**+5Vsb$=$ 2.0A(PURP),-5V$=$0.3**

Bild 3: Netzteilaufdruck

Fachkunde Elektrotechnik,
Kapitel: Elektrische Energie und Arbeit

**2.** Berechnen Sie den Energieverbrauch (elektrische Arbeit) und die Energiekosten VE in € des von Ihnen verwendeten Computersystems (Computer und Monitor) für ein Jahr bei einer durchschnittlichen täglichen Betriebszeit von 6 h und bei einem Arbeitspreis VP = 0,16 €/kWh.

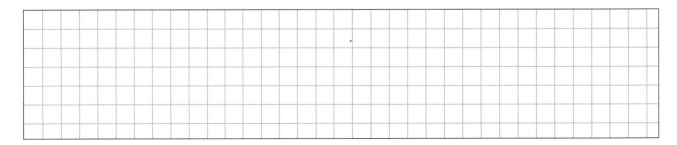

**3.** Das Netzteil ist für die Stromversorgung des Computers zuständig. Es ist über einen Spezialstecker (ATX-Stecker) mit einer Buchse **(Bild 1)** auf dem Motherboard verbunden. Nennen Sie die fehlenden Bezeichnungen.

A: _____

B: _____

_____

C: _____

D: _____

E: _____

_____

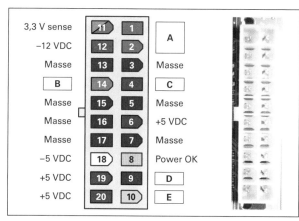

**Bild 1: ATX-Buchse**

**4.** Die Laufwerke, z.B. CD, DVD oder Festplatten, werden über getrennte Leitungen **(Bild 2)** mit dem Netzteil verbunden. Benennen Sie die folgenden Anschlüsse mit den dort anliegenden Spannungen und berechnen Sie die minimale und maximale Spannung bei den angegebenen Toleranzen.

A: _____ – 5% Min. _____

+ 5% Max. _____

B: _____

C: _____

D: _____ – 5% Min. _____

+ 5%Max. _____

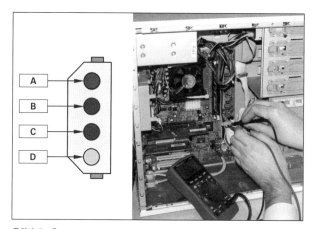

**Bild 2: Spannungsmessung am Laufwerk**

**5.** Bei den Festplatten ist neben dem Stecker für die Stromversorgung auch eine Datenleitung vorhanden, an der insgesamt zwei Festplatten angeschlossen werden können. Um einen Konflikt zwischen den beiden Laufwerken zu verhindern, muss eine Festplatte als Master und die andere Festplatte als Slave eingestellt werden.
**a)** Wie wird die Schnittstelle in **Bild 3** bezeichnet?

**b)** Für welchen Betrieb ist die Festplatte **(Bild 3)** eingestellt?

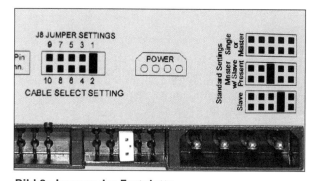

**Bild 3: Jumper der Festplatte**

**c)** Eine zweite Festplatte soll an der gleichen Leitung angeschlossen werden. Ergänzen Sie die dazu notwendige Position der Steckbrücken (Jumper) in **Bild 4**.

**6.** In **Bild 5** wird insgesamt eine neuere Schnittstelle für den Anschluss einer Festplatte an das Motherboard gezeigt.
**a)** Wie wird diese Schnittstelle bezeichnet?

**Bild 4: Festplatten Steckerleiste für Jumper**

**b)** Nennen Sie zwei wichtige Vorteile dieser Schnittstelle bei der Montage gegenüber der Schnittstelle von **Bild 3**.

1. _____

2. _____

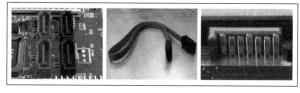

**Bild 5: Serielle Schnittstelle für Festplatten**

**7.** Während man den PC im Betrieb untersucht, sollte man ihn nicht erschüttern. Beschreiben Sie die Gefahr und die möglichen Folgen.

8. Die Grafikkarte **(Bild 1)** sollte einen hohen Datendurchsatz leisten. Damit die dazu notwendigen Daten schnell genug von der CPU bzw. dem Speicher geliefert werden können, wird die Grafikkarte über einen speziellen Sockel in das Motherboard gesteckt.
Nennen Sie zwei Standards mit Kurzbezeichnung, die als Hochgeschwindigkeitsslots für Grafikkarten verwendet werden.

1. _____

Kurzbezeichnung: _____

2. _____

Kurzbezeichnung: _____

**Bild 1: Verschiedene Stecksockel für Grafikkarten**

9. Eine Grafikkarte kann unterschiedliche Ausgänge **(Bild 2)** besitzen. Bezeichnen Sie die Ausgänge und nennen Sie jeweils zwei periphere Geräte, die daran angeschlossen werden können **(Tabelle 1)**.

| Tabelle 1: Anschlüsse / Anschlussmöglichkeiten | |
|---|---|
| **Bezeichnung d. Ausgänge** | **Periphere Geräte** |
| 1. | |
| 2. | |
| 3. | |
| 4. | |

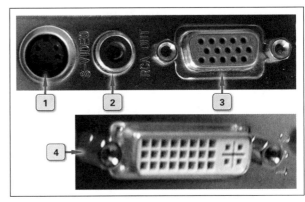

**Bild 2: Anschlussmöglichkeiten einer Grafikkarte**

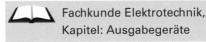 Fachkunde Elektrotechnik,
Kapitel: Ausgabegeräte

10. Bei den Monitoren verdrängen die Ausführungen mit LCD zunehmend die älteren Typen mit CRT.
Wofür stehen die beiden Abkürzungen? Beschreiben Sie kurz das jeweilige Hauptmerkmal.

CRT: _____

_____

LCD: _____

_____

11. Finden Sie Vor- und Nachteile zwischen den beiden Monitortechnologien und tragen Sie diese in die **Tabelle 2** ein.

| Tabelle 2: CRT- und LCD-Technologie im Vergleich | |
|---|---|
| **CRT** | **LCD** |
| | |
| **Vorteile:** | **Vorteile:** |
| **Nachteile:** | **Nachteile:** |

## Arbeitsauftrag 5: Untersuchen der Software

Damit die Hardware ohne Probleme genutzt werden kann, muss sie von der Software richtig angesprochen werden. Nachdem es eine große Anzahl unterschiedlicher Hardware gibt, müsste jedes Anwenderprogramm viele Treiberprogramme zur Verfügung stellen. Um dieses Problem zu vermeiden, sowie einem Anwender die Verwaltung seines Computers zu ermöglichen, wird ein Betriebssystem benötigt. Das Betriebssystem muss mit der Hardware eines Rechners zusammenarbeiten **(Bild 1)**, somit stellt das Betriebssystem somit in Verbindung mit der Hardware eine einheitliche Plattform für die Anwenderprogramme dar. Bei der Überprüfung eines Rechners ist es darum wichtig, das Zusammenspiel von Betriebssystem und Hardware zu prüfen.

 Ein kritischer Punkt bei dem Zusammenspiel zwischen dem Betriebssystem und der Hardware sind die Ansteuerprogramme (Treiber) für die einzelnen Hardwarekomponenten.

Ein Betriebssystem kann unmöglich sämtliche Hardware kennen, darum wird zu Hardware-Komponenten ein Treiber für das entsprechende Betriebssystem beigelegt. Damit die Installation eines Betriebssystems möglichst einfach ist, wird von den Betriebssystemherstellern meist eine Vielzahl von aktuellen Treibern mitgeliefert. Dadurch wird nicht bei jeder neu installierten Hardware der beigelegte Treiber benötigt. Das Betriebssystem erkennt neue Hardware, sucht nach einem passenden Treiber und installiert diesen oder fordert den Anwender auf, einen Datenträger mit dem entsprechenden Treiber anzugeben.

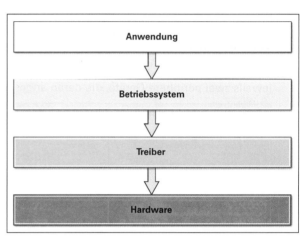

**Bild 1: Prinzipielle Architektur eines Computers**

 Fachkunde Elektrotechnik, Kapitel: Software

Starten Sie den Gerätemanager z.B. über die „Arbeitsplatz-Eigenschaften".

**1.** Welche Bedeutung besitzt der Hinweis mit dem Fragezeichen **(Bild 2)**?

**2.** Wie kann man Abhilfe schaffen, damit das Fragezeichen **(Bild 2)** nicht mehr angezeigt wird?

**Bild 2: Geräte-Manager in Windows**

**3.** Beschreiben Sie die einzelnen Schritte bei der Installation eines Treibers aus dem Geräte-Manager **(Bild 2)**.

- Mit rechter Maustaste auf das Gerät klicken, bei dem der Treiber fehlt.

## Arbeitsauftrag 6: Überprüfen der Leistungsfähigkeit

Nachdem die Hardware und Software untersucht und konfiguriert wurde, soll nun die Leistungsfähigkeit des PCs geprüft werden. Dazu gibt es spezielle Diagnoseprogramme.

www.chip.de/downloads

> ℹ️ Die Leistungsfähigkeit eines Computers wird mithilfe von Benchmarktests gemessen. Dazu wird der Computer mit einer Aufgabe, z.B. dem Beschreiben und Lesen des Arbeitsspeichers, beschäftigt und dabei die Zeit gemessen, wie lange er dafür benötigt. Da ein Computer sehr unterschiedliche Aufgaben bewältigen kann und er dabei in bestimmten Bereichen sehr gut und in anderen Bereichen vielleicht weniger gut arbeitet, werden Benchmarktests meist nach verschiedenen Kriterien durchgeführt.

1. Der Screenshot **(Bild)** zeigt das Ergebnis eines Speichertests bei einem Diagnoseprogramm an. Geben Sie die Bedeutung der Angaben in den einzelnen, mit Buchstaben gekennzeichneten Spalten an.

| A | B | C | D | E | F |
|---|---|---|---|---|---|
| 1560 MB/s | Athlon | 1200 MHz | Asus A7M266 | AMD760 | PC2100 DDR SDRAM |
| 1500 MB/s | AthlonXP 1500+ | 1333 MHz | Asus A7V266 | KT266 | PC2100 DDR SDRAM |
| 1040 MB/s | Celeron | 1700 MHz | ECS P45SA/DX+ | SiS645DX | PC133 SDRAM |
| 1027 MB/s | **PIII-E** | **816 MHz** | **Asus CUSL2-C** | **i815EP Ext.** | **PC136 SDRAM** |
| 990 MB/s | AthlonXP 1700+ | 1466 MHz | AOpen AK73A | KT133A | PC133 SDRAM |
| 980 MB/s | PIII-E | 866 MHz | Asus CUSL2 | i815E Ext. | PC133 SDRAM |
| 950 MB/s | P4 | 1600 MHz | Dell Dimension 4300 | i845 | PC133 SDRAM |
| 840 MB/s | PIII-E | 866 MHz | ECS P6VAP-A+ | ApolloPro133A | PC133 SDRAM |

**Bild: Benchmarktest mit Diagnoseprogramm (Screenshot)**

A: _____    D: _____

B: _____    E: _____

C: _____    F: _____

2. Recherchieren Sie im Internet zwei verschiedene Software-Werkzeuge (Tools) für Leistungstests an einem PC und geben Sie deren Namen an.

1. _____    2. _____

> 🖥️ Installieren Sie ein Software-Werkzeug zur Leistungsfeststellung aus Aufgabe 2.

3. Geben Sie drei verschiedene Benchmark-Tests für Hardware an, die das von Ihnen eingesetzte Tool durchführen kann.

1. _____

2. _____

3. _____

4. Mit dem Diagnoseprogramm lassen sich neben den Leistungstests viele Informationen zur Rechnerhardware und Software darstellen. Ermitteln Sie mithilfe ihres Diagnoseprogramms die in der **Tabelle** geforderten Informationen.

| Tabelle: Informationen aus dem Diagnoseprogramm (Beispiele) | | | |
|---|---|---|---|
| **Betriebssystem** | | **Bios Version** | |
| **Service Pack** | | **CPU Taktfrequenz** | |
| **Motherboard** | | **FSB Taktfrequenz** | |
| **CPU Typ** | | **CPU Temperatur** | |
| **Arbeitsspeicher** | | **CPU Kernspannung** | |
| **Grafikkarte** | | **3,3 V Spannung** | |

## Testen Sie Ihre Fachkompetenz

1. Beim Bootvorgang werden auf der Suche nach dem Laufwerk nacheinander bestimmte Laufwerke in einer im BIOS festgelegten Reihenfolge **(Bootsequenz Bild 1)** angesprochen. Wie kann durch die Einstellung der Bootsequenz die Dauer des Startvorgangs verringert werden?

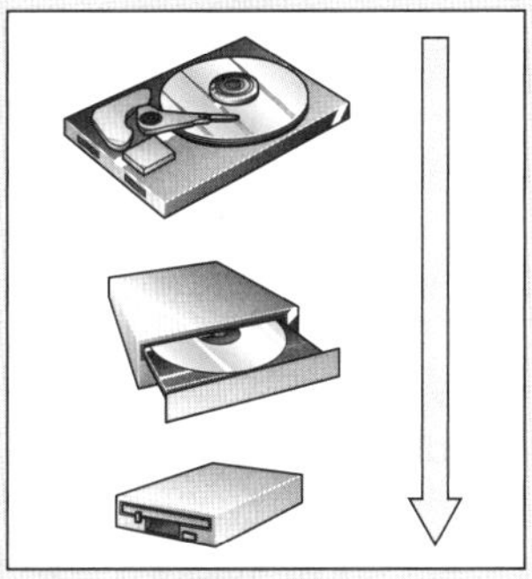

**Bild 1: Bootsequenz**

2. Wie wird bei einem PC **a)** ein Kaltstart und **b)** ein Warmstart ausgelöst?

   **a)**

   **b)**

3. Kurz nach dem Einschalten ertönt eine Folge von Pieptönen und der Rechner bootet nicht. Welche grundsätzliche Information ergibt die Pieptonfolge und wie kann man die genaue Bedeutung ermitteln?

4. Der Arbeitsspeicher eines PCs soll erweitert werden. Dazu wird ein zusätzliches Speichermodul **(Bild 2)** benötigt. Welche Kriterien müssen beim Kauf des Speichers berücksichtigt werden?

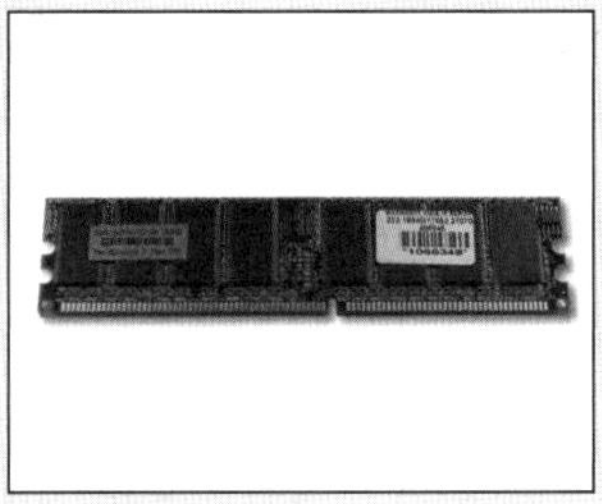

**Bild 2: Speichermodul**

5. An eine Grafikkarte mit DVI-I-Ausgang soll ein VGA-Monitor angeschlossen werden. Welche Art von Monitor kann an diesen angeschlossen werden? Welches Problem ist vorhanden und wie kann es gelöst werden?

6. Bei einem günstigen Angebot für eine Video-Digitalisierungskarte **(Bild 3)** zur Nachbearbeitung von Videofilmen wird auf einen beiliegenden Windows 98 Treiber hingewiesen. Was ist vor dem Kauf zu beachten?

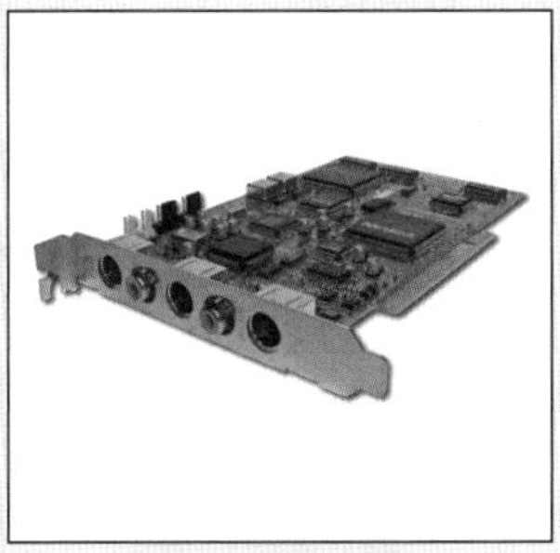

7. Ein Kunde behauptet, sein Rechner entspricht nicht mehr der bisher gewohnten Leistungsfähigkeit. Beschreiben Sie die Vorgehensweise um die Beanstandung zu prüfen.

**Bild 3: Digitalisierungskarte**

8. Warum sollte bei einem Windows®-Betriebssystem immer das neueste Service-Pack installiert sein?

## Lernsituation: Planen und Bereitstellen eines PC nach Auftrag

Ein selbstständiger Handwerksmeister, der bisher in seinem Betrieb für Sanitär, Heizung und Solartechnik noch ohne Computer gearbeitet hat, möchte in Zukunft seine Verwaltungs- und Planungsarbeiten mit dem Computer erledigen. Er wendet sich an die Firma Elektro-Rundumfix und bittet um ein Angebot über ein Computersystem zur Bewältigung seiner Aufgaben. Sie sind für die Bearbeitung des Auftrages zuständig und gehen dabei methodisch vor **(Bild 1)**.

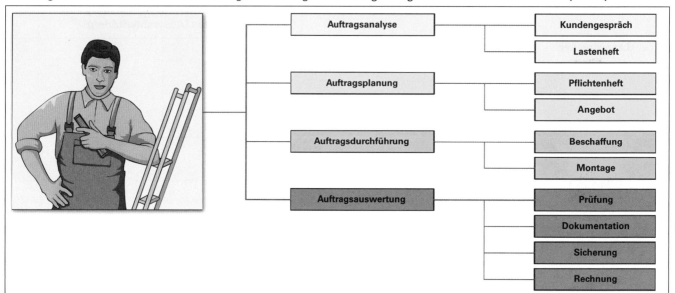

**Bild 1: Vorgehensweise bei der Planung und Bereitstellung eines PC**

### Arbeitsauftrag 1: Auftragsanalyse – Kundengespräch und Lastenheft

Es muss genau geklärt werden, welchen Anforderungen der Computer heute und in Zukunft genügen soll. Bei dem Gespräch mit dem Kunden sollen möglichst alle Fragen geklärt werden. Dabei geht es hauptsächlich um die Forderungen des Kunden, der das Gerät möglichst optimal nutzen möchte, und nicht um technische Details. Ein Kunde, der Beratung sucht, wird selten einen Computer z.B. mit einer bestimmten Taktfrequenz und festgelegter Speicherkapazität verlangen, sondern einen Computer, bei dem er z.B. mit seinem 3D-Planungsprogramm rationell arbeiten kann. Der Kunde erkennt an einem gut vorbereiteten Gespräch die Kompetenz einer Firma und gewinnt Vertrauen. Darum muss der Berater über die Möglichkeiten des Computereinsatzes Bescheid wissen. Neben dem Computer selbst spielt die Peripherie dabei eine große Rolle, denn erst dadurch entsteht aus dem Computer ein komplettes Computersystem.

Fachkunde Elektrotechnik, Kapitel: Grundbegriffe der Computertechnik

**1.** Auf dem Computermarkt gibt es eine Vielzahl von Peripherie die Sie kennen sollten, um einen Kunden umfassend beraten zu können. Ergänzen Sie in der Übersicht **(Bild 2)** die fehlenden Bezeichnungen.

Monitor

**Bild 2: Peripherie für ein Computersystem**

2. Geben Sie zu den peripheren Geräten **(Tabelle)** Argumente an, die für den Einsatz in einem Sanitär- und Heizungs-Betrieb geeignet sind. Außerdem gibt es zu jedem Peripheriegerät Typen mit unterschiedlichem Leistungsvermögen. Darum müssen beim Beratungsgespräch die jeweils wichtigen technischen Daten für ein Gerät geklärt werden, damit der Kunde später die Peripherie erhält, die seinen Anforderungen entspricht.

| Tabelle: Einsatzgebiet und Auswahlkriterien für periphere Geräte (Beispiele) | | |
|---|---|---|
| **Peripheres Gerät** | **Argumente für den Einsatz** | **Wichtige Daten für die Leistung des Gerätes (Auswahlkriterien)** |
| **Laserdrucker** | | |
| **LCD - Monitor** | | |
| **Scanner** | | |
| **Modem** | | |

3. Bei dem Kundengespräch sollen alle wichtigen Anforderungen an das Computersystem abgefragt werden, um daraus ein Angebot zu erstellen. Ergänzen bzw. erweitern Sie die Mindmap **(Bild)**.

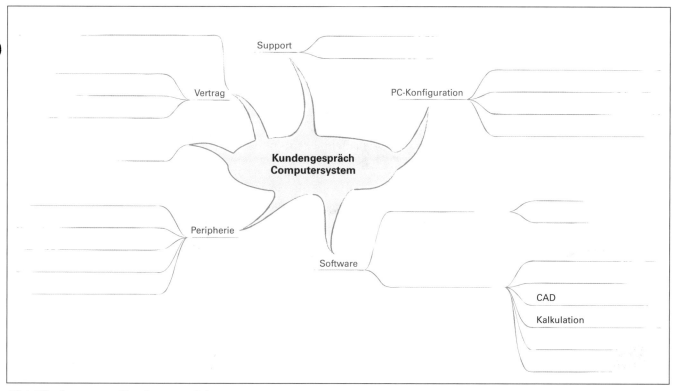

**Bild: Mindmap zum Kundengespräch**

**4.** Das Verkaufsgespräch für das Computersystem soll durch eine Präsentation unterstützt werden. Bei der Planung der Präsentation soll der Inhalt der Mindmap **(Seite 125)** in eine sinnvolle Ablaufstruktur gebracht werden. Erstellen Sie die zeitliche Gliederung **(Tabelle)** der Themen für die Präsentationsfolien.

| Tabelle: Präsentationsgliederung | |
|---|---|
| **Folientitel** | **Kurzbeschreibung, Inhalte** |
| | |
| | |
| | |
| | |
| | |
| | |
| | |
| | |
| | |

 Erstellen Sie die Präsentation mit einem Präsentationsprogramm, z.B. Powerpoint®.

**5.** Als Grundlage für das Angebot zum Computersystem, soll ein Lastenheft erstellt werden.

> Die Bezeichnung „Lastenheft" ist ein Begriff aus dem Projektmanagement. Begriffe zum Projektmanagement sind in einer Norm (DIN 69905) festgelegt. Allgemein entspricht das Lastenheft sämtlichen Forderungen des Auftraggebers an die Lieferungen und Leistungen des Auftragnehmers.
>
> Es dient als Grundlage zur Einholung von Angeboten. Bei Bauprojekten wird das Lastenheft auch als Leistungsverzeichnis bezeichnet. Der Auftragnehmer muss die Forderungen des Auftraggebers aus dem Lastenheft, in die für ihn damit verbundenen Pflichten umsetzen, um die entsprechenden Lieferungen und Leistungen zu erbringen. Mit dem Pflichtenheft erhält der Auftragnehmer eine genaue Zusammenstellung der notwendigen Materialien und Arbeiten, um die Anforderungen des Kunden zu erfüllen. Mit dem Zuordnen von Preisen für die einzelnen Positionen im Pflichtenheft erstellt der Auftragnehmer das Angebot.
>
> ## Auftraggeber ⇨ Lastenheft ⇨ Auftragnehmer ⇨ Pflichtenheft ⇨ Angebot
>
> Das Erstellen des Lastenheftes ist in der Regel die Aufgabe des Auftraggebers. Bei kleineren Projekten, wie einem Einplatz-Computersystem, erledigt das manchmal auch der Auftragnehmer als Service für den Kunden. Er fasst da-bei die wichtigen Informationen, als Grundlage für sein Angebot, aus dem Gespräch mit dem Kunden zusammen. Bei größeren Projekten werden die Lastenhefte z.B. durch spezielle IT-Abteilungen des Auftraggebers oder, wenn der Auftraggeber selbst nicht dazu in der Lage ist, durch spezielle externe Firmen erstellt.

Fachkunde Elektrotechnik, Kapitel: Projektmanagement

Das Lastenheft zum Computersystem soll mindestens folgende Inhalte besitzen:

*Name des Auftraggebers, Beschreibung des zu erstellenden Produktes, präzise Anforderungen an das Produkt, Gewährleistungsforderungen, geforderte Dokumentationen, Zeitpunkt der Fertigstellung, Ort der Übergabe.*

Erstellen Sie das Formular für ein einfaches Lastenheft zur Erstellung eines Angebotes für einen PC. Es soll dazu dienen die Anforderungen des Kunden festzuhalten. Um bei späteren eventuellen Unstimmigkeiten mit dem Kunden den zuständigen Kundenberater ermitteln zu können, soll dessen Name und Unterschrift enthalten sein. Das Formular soll auch für zukünftige Verkaufsgespräche verwendet werden. Ergänzen Sie das noch unvollständige Formular **(Bild)** mit Zeilen, Spalten und Bezeich-nungen. Für die Beschreibung der Anforderungen sollen für das folgende Lastenheft mindestens 10 Einträge möglich sein.

Firma Elektro Rundumfix – Zuverlässig, schnell und preisgünstig

**Lastenheft / Anforderungskatalog aus Beratungsgespräch**

Ort, Datum, Unterschrift Auftraggeber

**Bild: Formular Lastenheft**

 Erstellen Sie das Lastenheft-Formular mit einem Textverarbeitungsprogramm.

6. Ermitteln Sie die für den Auftrag wichtigen Fakten für ein Lastenheft zu einem Computersystem. Verwenden Sie das von Ihnen entworfene Formular **(Bild)** und tragen Sie darin alle Anforderungen ein, die aus den nachstehenden Angaben des Kunden Fa. Solar-Müller abgeleitet werden können.

*Das Computersystem muss bei mir bis spätestens zum Beginn des nächsten Monats einsatzbereit sein. Ab diesem Zeitpunkt werde ich mit einem 3-D-Planungsprogramm die Pläne für Solaranlagen am PC erstellen. Entsprechende Vorlagen und Demofilme werde ich dazu aus dem Internet, über den bereits bestellten DSL-Anschluss herunterladen. Manchmal werde ich auch aus Prospekten Bilder übernehmen. Den Kunden möchte ich die fertigen Vorschläge in Farbe im DIN A3-Format und als DVD unterbreiten. Für die Verwaltung im Büro möchte ich sämtliche Werbeschreiben, ca. 3000 Stück, als Serienbriefe z.B. mit Word erstellen oder Angebote per E-Mail versenden. Die Büro- und Planungssoftware habe ich bei einer Softwareschulung bereits gekauft.*

Führen Sie Rollenspiele durch, bei der ein Partner die Anforderungen stellt und die Zuhörer daraus ein Lastenheft erstellen sollen. Dabei ist auch wichtig, zu erkennen, wo nachgefragt werden muss.

## Arbeitsauftrag 2: Auftragsplanung und Angebotserstellung

Damit aus dem Lastenheft des Kunden ein Angebot erstellt werden kann, müssen die Anforderungen nun durch kon-krete Materialien und Leistungen in einem Pflichtenheft festgelegt werden. Dabei soll ein optimales Verhältnis von Aufwand zu den gestellten Anforderungen erreicht werden. Das Angebot muss möglichst genau auf die Forderungen aus dem Lastenheft zugeschnitten sein. Das erfordert einige Kenntnisse und Erfahrung aus der Computertechnik sowie aktuelle Informationen zu dem auf dem Markt angebotenen Komponenten und deren Preise.

1. Der Händler plant den PC aus Einzelkomponenten **(Bild)**, die den Kundenforderungen aus dem Lastenheft entspre-chen. Erstellen Sie eine Liste der Teile die dazu benötigt werden, um den funktionsfähigen Personalcomputer für die Fa. Solar-Müller ohne Peripherie zu erstellen. Verwenden Sie dazu die allgemein verwendeten Bezeichnungen der Teile ohne Typangaben.

- _____
- _____
- _____
- _____
- _____
- _____
- _____
- _____
- _____

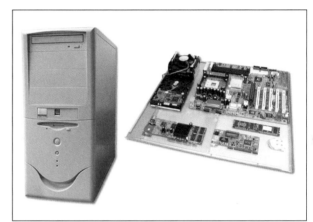

**Bild: Komponenten für Personalcomputer**

2. Ein Computer kann selbst, je nach Auswahl der benötigten Komponenten, unterschiedliche Leistungsfähigkeit besit-zen. Dafür sind bestimmte Kriterien bei den verwendeten Einzelteilen des Computers verantwortlich. Diese beeinflus-sen auch den Preis. Bestimmte Bestandteile besitzen einen großen Einfluss auf die Leistungsfähigkeit eines Computers.
Ergänzen Sie die **Tabelle** der Hardware-Komponenten, die für einen schnellen Rechner, der im CAD-Bereich einge-setzt wird, wichtig sind, um eine hohe Leistungsfähigkeit zu erreichen. Geben Sie jeweils die wichtigen Merkmale an.

| Tabelle: Merkmale von Hardware-Komponenten zur Erhöhung der Leistungsfähigkeit | |
|---|---|
| **Hardware Komponente** | **Wichtige Merkmale für die Leistungsfähigkeit** |
| Arbeitsspeicher | Speicherkapazität, z.B. 1024 MB<br>Bandbreite (Datendurchsatz), z.B. PC 3200<br>Speichertechnologie, z.B. DDR2 |
| | |
| | |
| | |

**3.** Bei der Planung des Computersystems für CAD-Anwendungen werden diese Anforderungen **(Bild 1)** festgelegt:

> 2 Festplatten mit einer Kapazität von minimal 200 GB, Midi-Tower, Netzteil 550 W
> Motherboard mit Intel-Chipsatz, PCIe-Slot für Grafikkarte, integr. Audiosystem, 4 GB RAM
> PIV CPU 3,4 GHz, 1024 MB RAM, DVD- und DVD R/W-Laufwerk, Floppy 1,44 MB
> Grafikkarte mit mindestens 256 MB RAM und DVI-Anschluss

**Bild 1: Notizen aus Verkaufsgespräch**

Aus den Angaben muss zunächst der Selbstkostenpreis für das benötigte Material kalkuliert werden. Für das Zusam-men-stellen des Materials wird ein Formular benötigt. Es sind folgende Informationen einzutragen:

*Position, Menge, Bezeichnung, Lieferant, Bestellnummer, Einzel- und Gesamtpreis.*

Ergänzen Sie das noch unvollständige Formular **(Bild 2)** mit Spalten, Zeilen und Bezeichnungen.

Materialliste für Projekt _____

Pos
1
2
3
4
5
6
7
8
9
10

Gesamtkosten ohne Mwst.: _____

**Bild 2: Formular für Materialliste und Feststellung der Materialselbstkosten**

 Realisieren Sie das Formular für die Materialliste mit einem Kalkulationsprogramm, z.B. Excel.

**4.** Recherchieren Sie die Materialien aus dem Verkaufsgespräch **(Bild 1)** im Internet und tragen Sie die ausgewählten Komponenten in das Formular **(Bild 2)** inklusive der Preise ohne MwSt. ein. Berücksichtigen Sie auch die anfallenden Versandkosten der jeweiligen Firma. Berechnen Sie daraus die Gesamtkosten (ohne MwSt.) für das Material.

**5.** Damit das Angebot erstellt werden kann, müssen neben dem Material auch sämtliche Arbeiten, die zur Herstellung des PCs erforderlich sind, kalkuliert werden. Beschreiben Sie die notwendigen Tätigkeiten **(Tabelle)**.

**Tabelle: Arbeiten bei der Herstellung eines Computersystems**

| Arbeitsschritt | Beschreibung der Tätigkeiten |
|---|---|
|  | |
| | |
| | |

**6.** Es soll das Pflichtenheft als Grundlage für das Angebot erstellt werden.

> Die Gesamtheit der ausgewählten Materialien und auszuführenden Arbeiten ergeben die vom Auftragnehmer zu übernehmenden Pflichten. Die schriftliche Zusammenstellung sämtlicher Positionen wird auch als Pflichtenheft bezeichnet. Aus den im Pflichtenheft aufgeführten Materialien und Arbeiten muss noch der Bruttoverkaufspreis kalkuliert werden, um ein Angebot zu erstellen. Der Betrieb muss, um seine Kosten zu decken, einen Zuschlag auf Arbeit und Material kalkulieren. Darin sind auch die im Betrieb anfallenden Kosten enthalten, die nicht direkt mit dem Auftrag zusammenhängen. Außerdem benötigt ein Betrieb einen Gewinn, damit er z.B. für die Sicherung seiner Zukunft Investitionen tätigen kann.

Ergänzen Sie die fehlenden Positionen in der Darstellung **(Bild)** zur prinzipiellen Vorgehensweise bei der Berechnung (Kalkulation) des Angebotspreises.

 Fachkunde Elektrotechnik, Kapitel: Kalkulation und Angebot

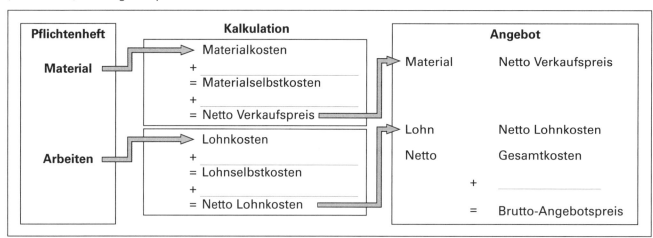

**Bild: Vom Pflichtenheft zum Angebot**

**7.** Arbeitet ein Betrieb mit hohen Kosten, muss er mehr auf Lohn und Material aufschlagen um seine Selbstkosten zu decken. In der Computerbranche herrscht ein starker Wettbewerb zwischen vielen Anbietern. Meistens bekommt derjenige den Auftrag, der das günstigste Angebot liefert. Geben Sie Beispiele an, wie ein Betrieb im Bezug auf die Herstellung eines PCs Kosten senken kann, um günstiger anbieten zu können.

**8.** Einfacher wird die Erstellung eines Angebotes, wenn für jedes Teil, das geliefert und montiert werden soll, der Materialverkaufspreis inklusive des dafür notwendigen Montagelohns bereits bekannt ist.
**Beispiel:** Ein Händler kauft eine Festplatte zum Netto-Selbstkostenpreis von 94.80 €. Das Einbauen einer Festplatte inklusive Anschluss und das Stecken der Jumper dauert bei einem Auszubildenden 10 Minuten. Der Aufschlag auf das Computermaterial soll vom Betrieb mit 10% festgelegt sein. Der Stundenverrechnungssatz für einen Auszubildenden ist mit 18.- € netto festgelegt. Ergänzen Sie mit diesen Angaben die Position 2 in der **Tabelle** für den Einbau von 2 Festplatten.

>  Im Stundenverrechnungssatz ist bereits der Aufschlag durchgeführt worden. Darum ist die Arbeitsstunde auch erheblich teurer, als der Arbeitslohn in dieser Zeit.

| Tabelle: Auszug aus einer Kalkulation zu einem Personal Computer | | | | | | | |
|-----|-------|---------|-------------|----------------------------|------------------------|----------------------|----------------------|
| Pos | Menge | Einheit | Bezeichnung | Material pro Einheit in € | Lohn pro Einheit in € | Einzelpreis in € | Gesamtpreis in € |
| 1 | 1 | Stück | Motherboard | 98,- | 4,80 | 102,80 | 102,80 |
| 2 | | | | | | | |

>  Erstellen Sie ein Formular mit einem Tabellenkalkulationsprogramm, welches aus der Eingabe der Arbeitszeit und dem Netto-Einkaufspreis den Netto-Einzelpreis berechnet.

9. Die von einem Betrieb ermittelten Werte für Zuschläge auf Material und Lohn sowie die Zuordnung von Standard-Arbeiten zum Material wird bei einer EDV in einer Datenbank gespeichert. Somit kann der Betrieb auf bewährte Werte zurückgreifen und braucht die Stückkalkulation nicht jeweils wieder von neuem durchzuführen.
   **a)** Wann müssen trotzdem manchmal Änderungen durchgeführt werden? **b)** Welche Folgen sind zu befürchten, wenn die Daten in der Datenbank nicht angepasst (gepflegt) werden?

   a) ................................................................................................................................................

   b) ................................................................................................................................................

   ........................................................................................................................................................

   ........................................................................................................................................................

10. Ergänzen Sie das noch unvollständige Formular **(Bild)** und erstellen Sie damit das Angebot der Firma Elektro Rundumfix an den Kunden Fa.Solar-Müller für einen PC ohne Peripherie. Entnehmen Sie die benötigten Positionen aus der bereits erstellten Aufstellung für Material und Arbeiten **(Seite 129)**. Führen Sie für jede Position die Menge, Bezeichnung sowie den kalkulierten Einzel- und Gesamtpreis auf. Verwenden Sie zur Kalkulation für das Material einen Zuschlag von 10% für Gemeinkosten und Gewinn auf den Selbstkostenpreis. Ermitteln Sie die Lohnkosten pro Stück mit Hilfe der von Ihnen jeweils zu ermittelnden benötigten Montagezeit und einem Stundenverrechnungssatz von 18.-€ für einen Auszubildenden. Bieten Sie das Betriebssystems Windows XP inklusive Installation, Einrichtung und Test für eine Netto-Pauschale von 150.-€ an.

**Firma Elektro Rundumfix – Zuverlässig, schnell und preisgünstig**
**Sonnenstr. 2**
**12345 Musterort**

Gesamtpreis: _____

MwSt. 19% _____

Gesamtpreis inkl. MwSt. _____

**Bild: Formular Angebot**

Erstellen Sie das Angebot mit einem Tabellenkalkulationsprogramm. Starten Sie einen Wettbewerb um das preiswerteste Angebot und das grafisch schönste Formular.

## Arbeitsauftrag 3: Auftragsdurchführung – Beschaffung der Komponenten

Das Angebot wurde vom Kunden angenommen und der Auftrag erteilt. Nun müssen die benötigten Komponenten beschafft werden. Das Motherboard Isus PIV (Best.Nr.C1234) und die Grafikkarte Zox 256 MB Geforce (Best.Nr. F1234) soll von der Firma Computer-Discount 500 per Fax bestellt werden. Ergänzen Sie das noch unvollständige FAX-Bestellformular **(Bild)**, sodass es auch in Zukunft für Bestellungen verwendet werden kann. Tragen Sie die Bestellung ein.

Firma Elektro Rundumfix –
Zuverlässig, schnell und preisgünstig

**Bestellung:**

**Bild: Fax-Bestellformular**

 Erstellen Sie das Bestell-Formular mit einem Textverarbeitungsprogramm.

## Arbeitsauftrag 4: Auftragsdurchführung – Montage des PC

1. Für die Montage des PC soll eine bestimmte Reihenfolge eingehalten werden. Ergänzen Sie die **Tabelle** mit den folgenden zu montierenden Teilen *Floppydisk, Datenleitungen, Stromversorgungsleitungen, Festplatte, DVD-Laufwerke, Grafikkarte, Netzteil, Jumper für Motherboard, Gehäuseanschlüsse für Taster und Anzeigen, CPU und Kühler, Motherboard* und *Speicher.* Bringen Sie die Montageschritte in die richtige Reihenfolge und geben Sie, wenn es notwendig ist, Hinweise, die beachtet werden sollen. Die Gliederung soll später für andere Mitarbeiter als Checkliste für die Montage-Arbeiten verwendet werden. Im Feld „OK" kann der Montageschritt bestätigt werden.

| Tabelle: Montageschritte für einen PC | | |
|---|---|---|
| **Teile für Montage** | **Hinweise** | **OK** |
| | | |
| | | |
| | | |
| | | |
| | | |
| | | |
| | | |
| | | |
| | | |
| | | |
| | | |

Nachdruck, auch auszugsweise, nur mit Genehmigung des Verlages.
Copyright 2007 by Europa-Lehrmittel

**2.** Das Motherboard und die Steckkarten sollten auf einer elektrisch leitenden Unterlage **(Bild 1)** abgelegt werden. Begründen Sie diese Vorgehensweise.

**Bild 1: Ablage der Hardware auf Metallunterlage**

**3.** **Bild 2** zeigt eine Vorsichtsmaßnahme, die beim Einbauen einer Steckkarte durchgeführt werden soll. Begründen Sie die Vorgehensweise.

**Bild 2: Electro Static Discharge (ESD)**

**4.** Bei der Montage eines Personal-Computers müssen die verschiedenen benötigten Komponenten im Computergehäuse befestigt und mit den Leitungen verbunden werden. Dabei können bei Unachtsamkeiten eventuell Probleme entstehen. Beschreiben Sie die Gefahren, die in den Bildern **(Tabelle)** aus der Montage erkennbar sind.

| Tabelle: Unsachgemäße Montage | |
| --- | --- |
| **Beschreibung möglicher Gefahren** | **Montagebilder** |
| | |
| | |
| | |
| | |

5. Warum wurde der Stecker **(Bild 1)** mit Heißkleber befestigt?

**Bild 1: Stromversorgungsstecker Festplatte**

6. Zur Herstellung der Leitungsverbindungen zum Motherboard befindet sich im Manual (Handbuch) des Motherboards unter anderem die nachstehende Beschreibung **(Bild 2)**. Erläutern Sie die Hinweise der englischen Beschreibung der Reihe nach.

**Front-Panel Connectors**

**C1** **ATX Power On/Off Switch Connector (Power ON)**

The Power On/Off Switch is a momentary type switch used for turning on or off the system ATX power supply. Attach the connector cable from the Power Switch to the 2-pin (Power ON) header on the mainboard.

**Note:** Please notice all the LED connectors are directional. If your chassis's LED does not light up during running, please simply change to the opposite direction.

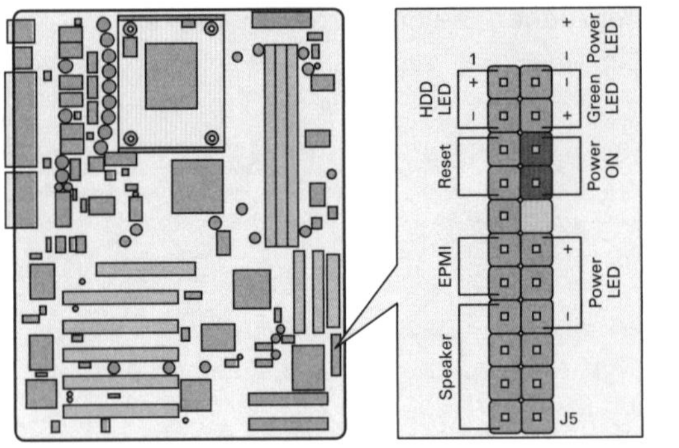

**Bild 2: Auszug Motherboardbeschreibung**

7. Nachdem die Hardware des Rechners fertig montiert ist, muss das Betriebssystem auf dem Rechner installiert und eingerichtet werden. Ergänzen Sie die **Tabelle** durch das Eintragen der folgenden Arbeitsschritte:
   *Systemsicherung durchführen, Betriebssystem installieren, Festplatte formatieren, Festplatte partitionieren, Betriebssystemdateien kopieren, fehlende Treiber installieren, Betriebssystem einrichten*
   Beachten Sie die richtige Reihenfolge und beschreiben Sie kurz den jeweiligen Arbeitsschritt.

| Tabelle: Arbeitsschritte für die Installation und Einrichtung des Betriebssystems | |
| --- | --- |
| **Arbeitsschritt** | **Beschreibung** |
| | |
| | |
| | |
| | |
| | |
| | |
| | |

**8.** Nach dem Hochfahren des PC erkennt das Betriebssystem einige Hardwarekomponenten nicht **(Bild 1)**. Es werden weitere Treiber benötigt. Woher kann ein fehlender Treiber bezogen werden? Geben Sie verschiedene Möglichkeiten an.

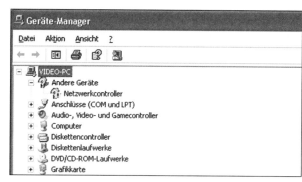

**Bild 1: Screenshot Gerätemanager**

**9.** Zum Motherboard wird meist eine CD mitgeliefert **(Bild 2)**. Wozu wird diese benötigt?

**Bild 2: CD zum Motherboard**

Bei der Installation werden vom Betriebssystem bestimmte Benutzer und Benutzergruppen automatisch angelegt.
Weitere Benutzer und Gruppen können in der „Arbeitsplatzverwaltung" **(Bild 3 oben)** hinzugefügt werden. Anschließend werden die Benutzer den Gruppen zugewiesen. Das hat den Vorteil, dass bei der Verteilung von Zugriffsrechten anstatt jedem einzelnen User nur der jeweiligen Gruppe ein Recht erteilt werden muss. Das vereinfacht die Verwaltung (Administration) des Computersystems.
Mithilfe der Sicherheitseinstellungen **(Bild 3 unten)** können einem User oder einer ganzen Gruppe bestimmte Rechte, z.B. für den Zugriff auf bestimmte Ordner, gewährt werden. Damit wird festgelegt, ob ein User das Recht zum Lesen oder Schreiben hat oder beides darf, oder dass er kein Recht für den Zugriff erhält.

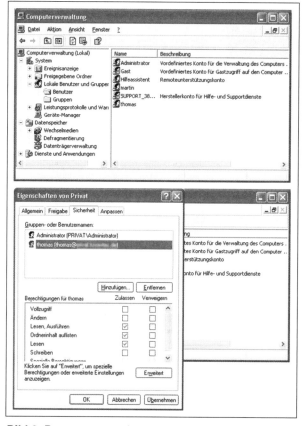

**10.** Legen Sie einen zusätzlichen Benutzer mit dem Namen „TestUser" an. Geben Sie ihm das Passwort „user". In welcher bereits vorhandenen Gruppe befindet sich dieser User nach dem Anlegen?

**11.** Wodurch kann der User die gleichen Rechte wie der Administrator erlangen?

**Bild 3: Benutzerverwaltung und Sicherheitsrechte**

**12.** Speichern Sie beim Benutzer „Administrator" und „TestUser" jeweils einen unterschiedlichen Text im Ordner „Ei-gene Dateien" und geben Sie jedem dieser beiden Benutzer eine unterschiedliche Hintergrundfarbe auf seinen Desktop. Untersuchen Sie, ob jeder Benutzer seine eigenen Einstellungen behält und beschreiben Sie Ihr Ergebnis.

**13.** In welchem Verzeichnis werden die Informationen für jeden User gespeichert?

 Zum weiteren Ausbau des Computersystems muss noch ein Drucker installiert werden. Damit ist gemeint, dass der entsprechende Treiber für den Drucker geladen und eine Warteschlange **(Bild)** auf dem Rechner angelegt wird, in der die Druckaufträge abgelegt werden können. Diese werden dann nacheinander abgearbeitet. Wenn das Betriebssystem den Drucker kennt, ist der Treiber bereits im Betriebssystem enthalten und braucht nur noch installiert werden. Ist er nicht im Betriebssystem enthalten, muss er z.B. über einen Datenträger eingespielt oder aus dem Internet geladen werden.

www.zdnet.de/treiber

www.treiber.de/geraetegruppen/Drucker.asp

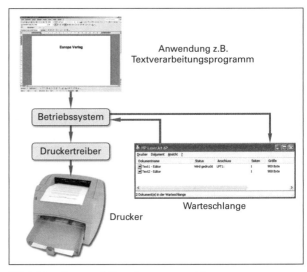

**14.** Protokollieren Sie stichpunktartig die einzelnen Schritte zur Installation ihres Druckers in der **Tabelle**.

**Bild: Drucker und Druckerwarteschlange**

## Tabelle: Installation eines lokalen Druckers

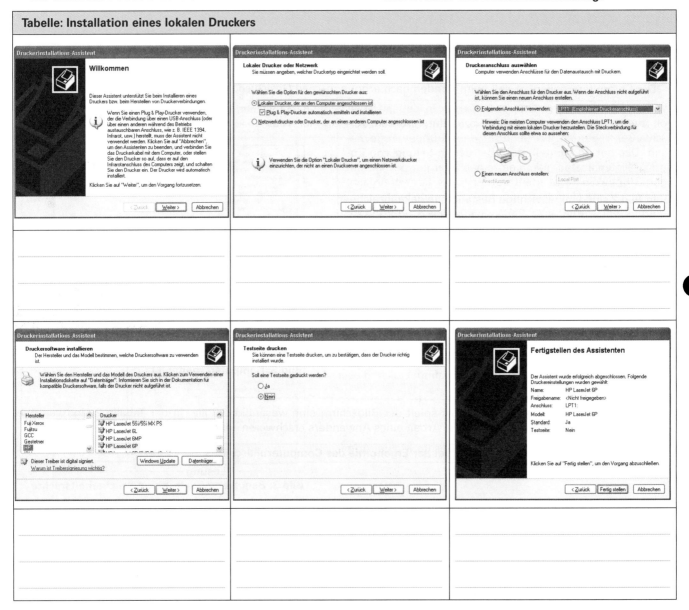

 Installieren Sie einen lokalen Drucker und drucken Sie die Testseite aus.

## Arbeitsauftrag 5: Auftragskontrolle und Auftragsauswertung

Um den Kunden die Bestandteile und die einwandfreie Funktion des PC zu dokumentieren sollen sämtliche wichtigen Daten schriftlich zu einem Prüfprotokoll zusammengefasst werden, um sie dem Kunden mit dem Rechner zu übergeben.

**Bild 1: Diagnoseprogramm**

1. Die **Tabelle 1** zeigt einige wichtige Bestandteile des PC. Ergänzen Sie die Tabelle. Orientieren Sie sich dabei an den schon bekannten Diagnoseprogrammen **(Bild 1)** in der Lernsituation „Analyse eines PC":

| Tabelle 1: Bestandteile und Inhalte der Dokumentation für einen PC | |
|---|---|
| **Betriebssystem** | |
| **Motherboard** | |
| **Anzeige** | |
| **Datenträger** | |

2. Welche Tests und Informationen **(Seite 122)** sollten dokumentiert werden?

3. Welche Art von Datensicherung sollte durchgeführt werden?

Der Computerarbeitsplatz soll beim Kunden nach ergonomischen Gesichtspunkten aufgestellt werden.

> Mit dem Begriff „Ergonomie" wird eine Wissenschaft bezeichnet, die sich mit der menschlichen Arbeit beschäftigt und das Ziel verfolgt, die Arbeitsbedingungen an den Menschen anzupassen.

www.ergo-online.de

4. In **Bild 2** sind einige wichtige Bestandteile gekennzeichnet, welche die Ergonomie des Arbeitsplatzes bestimmen. Benennen Sie diese Teile. Welche Bedingung sollten Sie erfüllen?

A: Tastatur, z.B. neigbar

B:

C:

D:

E:

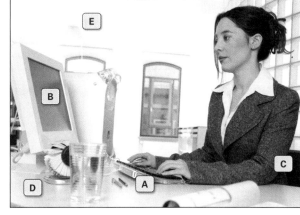

**Bild 2: Computerarbeitsplatz**

5. Bei der Ergonomie des Arbeitsplatzes spielt der Bildschirm eine wesentliche Rolle. In der **Tabelle 2** sind verschiedene Probleme dargestellt, welche die Arbeit eines Anwenders erschweren. Finden Sie dazu Lösungen.

| Tabelle 2: Probleme und Lösungen bei der Ergonomie des Computerbildschirms | |
|---|---|
| **Problem** | **Lösung** |
| Das Bild flimmert zu stark. | |
| Bei hoher Umgebungsbeleuchtung ist das Bild nicht mehr genau zu erkennen. | |
| Bei viel Text sind die Zeichen nur mit Anstrengung zu lesen. | |

6. In Verbindung mit Computern und deren Peripherie werden die Ausdrücke Ökonomie und Ökologie verwendet. Unter Ökonomie versteht man dabei die Wirtschaftlichkeit eines Gerätes, z.B. den Betrieb mit geringem Stromverbrauch. Mit Ökologie meint man die Umweltverträglichkeit, z.B. die Möglichkeit der Entsorgung der Bestandteile des Gerätes.
Geben Sie in der **Tabelle** Beispiele an, wie Ökologie und Ökonomie bei einem Computer erreicht werden kann.

| Tabelle: Ökonomie und Ökologie bei Computersystemen (Beispiele) | |
|---|---|
| Erreichen von Ökonomie | |
| Erreichen von Ökologie | |

7. Auf vielen Bildschirmen befinden sich Prüfsiegel **(Bild 1)**. Geben Sie den Nutzen an, den Prüfsiegel von Monitoren für den Anwender ergeben.

**Bild 1: Prüfsiegel**

8. Ergänzen Sie das noch unvollständige Rechnungsformular **(Bild 2)** der Elektrofirma Rundumfix an den Handwerksbetrieb Fa. Solar-Müller. Erstellen Sie damit die Rechnung für den Auftrag zum Herstellen eines Computers. Führen Sie den PC aus ihrem Angebot **(Seite 131)** als eine Position auf.

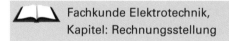
Fachkunde Elektrotechnik,
Kapitel: Rechnungsstellung

**Firma Elektro Rundumfix – Zuverlässig, schnell und preisgünstig**
**Sonnenstr. 2**
**12345 Musterort**

# Rechnung

| | | | | |
|---|---|---|---|---|
| | | | | |
| | | | | |

Gesamtpreis: _____

MwSt. 19% _____

Gesamtpreis inkl. MwSt. _____

**Bild 2: Formular Rechnung**

 Erstellen Sie die Rechnung mit einem Textverarbeitungsprogramm und starten Sie einen Wettbewerb um das schönste grafisch gestaltete Rechnungsformular.

## Testen Sie Ihre Fachkompetenz

1. Welche Argumente sprechen bei einem Beratungsgespräch für den Einsatz eines Laserdruckers anstatt der Verwendung eines Tintenstrahldruckers **(Bild 1)**?

**Bild 1: Tintenstrahldrucker**

2. Bei der Recherche nach einer günstigen Festplatte **(Bild 2)** werden folgende Festplattentypen miteinander verglichen.
   **Typ 1:** *7200 UPM / 8 MB / 8,9 ms*     **Typ 2:** *7200 UPM / 2 MB / 10,5 ms*
   Welche der beiden Festplatten ist die leistungsfähigere? Begründen Sie Ihre Antwort.

**Bild 2: Festplatte**

3. Bei der Auswahl der CPU bestimmt neben der Taktfrequenz auch die Größe des Cache-Speichers die Leistungsfähigkeit der CPU. Warum wird durch die Vergrößerung des Cache-Speichers die Leistungsfähigkeit gesteigert?

4. Bevor die Festplatte formatiert wird, muss sie partitioniert werden. Erklären Sie den Begriff „Partitionierung".

5. Beim Einbau einer neuen Hardware wird im Geräte-Manager ein fehlender Treiber **(Bild 3)** angezeigt. Warum benötigt ein Betriebssystem einen Treiber?

**Bild 3: Treiberproblem**

6. Bei der Installation eines Druckers wird auf dem PC eine Warteschlange **(Bild 4)** angelegt. Welchen Vorteil bewirkt die Druckerwarteschlange?

**Bild 4: Warteschlange**

7. Manche PC-User verwenden für ihren Computer grundsätzlich zur Anmeldung den Benutzernamen „Administrator". Warum ist es sinnvoll, wenn unterschiedliche Benutzer an dem PC arbeiten, andere Benutzernamen für diesen PC anzulegen und zu verwenden?

8. Beim Einrichten eines Computerarbeitsplatzes spielt die Beleuchtung eine wichtige Rolle. Erklären Sie, welche Dinge dabei beachtet werden müssen.

## Lernsituation: Auswählen, Installieren, Einrichten und Einsetzen von Software

Damit der Kunde mit dem PC die Verwaltungstätigkeiten in seinem Betrieb durchführen kann, benötigt er neben der Systemsoftware **(im Bild links)** für die Verwaltung und den Betrieb seines Computers auch noch Anwendungssoftware **(im Bild rechts)** als Werkzeug zur Erledigung seiner Büroarbeit. Außerdem ist ein Internetzugang mit der Möglichkeit E-Mails auszutauschen erforderlich.

 Fachkunde Elektrotechnik,
Kapitel: Software (Computerprogramme)

**Bild: System- und Anwendungssoftware**

### Arbeitsauftrag 1: Unterscheidung von Anwendungs- und Systemsoftware

Im Gespräch mit dem Kunden muss analysiert werden, welche Art von Software benötigt wird. Grundsätzlich wird zwischen Software für den Anwender (Anwendungssoftware) und der Software für das Computersystem (Systemsoftware) unterschieden. Geben Sie für die angegebenen Oberbegriffe **(Tabelle 1)** zu den Softwarearten jeweils drei unterschiedliche Produkte aus aktuellen Softwareangeboten an. Geben Sie bei der Anwendungssoftware zur Produktbezeichnung auch das Einsatzgebiet der Software an.

| Tabelle 1: Aktuelle Produkte zu Anwender- und Betriebssoftware (Beispiele) | |
|---|---|
| **Art der Software** | **Aktuelle Software-Angebote** |
| **Anwendungs- software z.B. für die Elektrotechnik** | • _____<br>• _____<br>• _____ |
| **Systemsoftware** | • _____<br>• _____<br>• _____ |

### Arbeitsauftrag 2: Unterscheidung von Branchen- und Standardsoftware

1. Bei der Anwendersoftware wird zwischen Standard-, Branchen- und Individualsoftware unterschieden.

>  Ein Handwerker benötigt meist verschiedene Programme, die miteinander ein Gesamtsystem bilden und die betriebliche Organisation unterstützen. Zum Beispiel wird bei einem Betrieb eine Software für Finanzbuchhaltung, Rechnungswesen, Auftragsverwaltung, Adressverwaltung mit Kundenkartei, Lagerverwaltung und Kassenverwaltung benötigt.
> Dabei müssen diese Programme so zusammenarbeiten, dass z.B. beim Verkaufen eines Ersatzteiles über die Kasse der Lagerbestand automatisch geändert, der Vorgang in der Buchhaltung registriert und evtl. in der Kartei des Kunden gespeichert wird. Meistens sind diese Programmzusammenstellungen (Programmpakete) auf die Probleme einer bestimmten Branche, wie z.B. das Elektrohandwerk, abgestimmt. Braucht ein Betrieb eine Software, die ganz speziell nur für ihn erstellt werden muss, spricht man von Individualsoftware.

Recherchieren Sie im Internet eine Branchensoftware für Handwerksbetriebe und geben Sie die einzelnen Bestandteile der Grundausstattung des Programmpaketes in der **Tabelle 2** an.

 www.sage.de

| Tabelle 2: Bestandteile einer Branchensoftware (Beispiel) | |
|---|---|
| **Name des Produktes** | **Bestandteile des Branchenpaketes** |
|  |  |
|  |  |
|  |  |

2. Branchensoftware ist im Vergleich zu Standardsoftware meist teurer. Darum soll die Software vor dem Kauf genau getestet werden. Erstellen Sie eine E-Mail **(Bild)** an die Firma Sage um eine Testversion der Handwerker Branchensoftware „HWP-2007 Basic" für die Fa. Solar-Müller anzufordern.

| An: | Thema: |
| --- | --- |
|  |  |

**Bild: E-Mail-Formular**

3. Standardsoftware wird für die Standardprobleme, wie sie in einem Büro (engl. Office) anfallen, eingesetzt. Nennen Sie fünf wichtige Arten von Standardsoftware für ein Büro und deren Einsatzmöglichkeiten **(Tabelle 1)**.

| Tabelle 1: Arten von Standardsoftware für das Büro | |
| --- | --- |
| **Standardsoftware** | **Einsatzmöglichkeiten** |
| Textverarbeitungs- programm | Schreiben von Bestellungen, Geschäftsbriefen, Werbebroschüren, … |
|  |  |
|  |  |
|  |  |
|  |  |

4. Für die Verwendung in einem Büro werden meist mehrere Standardprogramme benötigt. Darum werden diese Programme oft auch in einem Paket angeboten. Recherchieren Sie zwei verschiedene aktuelle Programmpakete aus dem Bereich der Standardsoftware für die Büroverwaltung und geben Sie deren Bestandteile an **(Tabelle 2)**.

| Tabelle 2: Office-Pakete und deren Bestandteile | |
| --- | --- |
| **Programmpaketname** | **Bestandteile** |
|  |  |
|  |  |

 Installieren Sie, falls möglich, ein Office-Paket auf Ihrem Rechner.

## Arbeitsauftrag 3: Installieren, Einrichten und Einsetzen von Anwendersoftware

1. Für die Bereitstellung von technischen Informationen werden oft Dateien im Portable Document Format (PDF) verwendet. Damit diese Dokumente gelesen werden können muss ein spezielles Leseprogramm (Reader) installiert sein.
   **a)** Nennen Sie den Namen des Programms und seine aktuelle Version:

   **b)** Nennen Sie die Adresse der Website des Herstellers **(Bild 1)** für den Download:

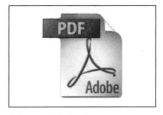

**Bild 1: Adobe Logo**

 Laden und installieren Sie den „Adobe Reader" auf Ihren Rechner.

2. Damit das Versenden von Dateien über das Internet nicht zu lange dauert, müssen diese von ihrer Größe gering gehalten werden. Um die Dateigröße zu verkleinern gibt es Kompressionsprogramme **(Bild 2)**, welche die Datenmenge reduzieren. Nachdem die Dateien übertragen wurden, müssen sie vom komprimierten Zustand wieder in den üblichen Zustand zurückversetzt werden. Nennen Sie verschiedene Programme, welche diese Aufgabe erledigen können. Geben Sie auch die Adresse der Website des Herstellers an:

**Bild 2: Winzip Logo**

   - 
   - 
   - 

 Installieren Sie ein Kompressions-Programm zur Erledigung dieser Aufgaben.

3. Für das Versenden von E-Mails wird ein E-Mail-Client-Programm benötigt mit denen E-Mails an einen E-Mail-Server **(Bild 3)** versandt oder davon abgeholt werden können. Der E-Mail-Client muss dazu konfiguriert werden.

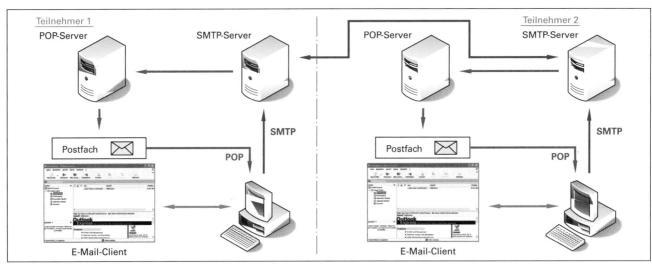

**Bild 3: Prinzipieller Weg einer E-Mail im Internet**

4. Geben Sie verschiedene aktuelle E-Mail-Client-Programme an.

5. Nennen Sie die Einstellungen bzw. Eingaben die notwendig sind, um das Programm zum Versenden und Abholen von E-Mails einzurichten.

 Installieren und konfigurieren Sie ein E-Mail-Programm zur Erledigung dieser Aufgaben.

## Testen Sie Ihre Fachkompetenz

1. In einem Paket zur Systemsoftware ist zunehmend auch Standard-Anwendungssoftware enthalten. Geben Sie drei verschiedene Beispiele dazu an. Nennen Sie die Art des Programms nach der Anwendung und dessen Bezeichnung im Betriebssystem.

2. Der Vorsitzende eines Vereins möchte die Adressen seiner Vereinsmitglieder mit dem Computer verwalten. Welche Art von Software und welches Programm würden Sie empfehlen?

3. Bei der Installation von Software wird meistens ein Installationsprogramm gestartet, damit die Installation automatisch durchgeführt wird. Bei diesem Vorgang werden eine Anzahl unterschiedlicher Dateien in verschiedene Verzeichnisse kopiert. Den Dateityp erkennt man an seiner Endung (Suffix) z.B. „.doc". Daran ist auch die Art des Dateiinhaltes erkennbar. Nennen Sie zu den in der **Tabelle 1** angegeben Datei-Endungen die Art des Inhaltes.

| Tabelle 1: Datei-Endungen und Art des Datei-Inhaltes | | | |
|---|---|---|---|
| .exe | | .dll | |
| .txt | | .inf | |
| .doc | | .hlp | |
| .bat | | .jpg | |

4. Bei der Installation eines Programms werden einige Informationen in die Windows-Registry eingetragen. Die Registry ist eine Art Datenbank, die sämtliche Einstellungen des Windows-Betriebssystems beinhaltet. Bei einer Installation kann die Registry evtl. beschädigt werden. Welche Folgen können dadurch für das Computersystem entstehen? Wie kann man vorbeugen?

5. Einige Anwender ziehen den Einsatz des Linux-Betriebssystems gegenüber dem Windows-Betriebssystem vor. Welche Gründe sprechen für den Einsatz von Linux und welche für Windows? Ergänzen Sie **Tabelle 2**.

| Tabelle 2: Vergleich der Systemsoftware Windows und Linux | |
|---|---|
| **Betriebssystem** | **Vorteile** |
| | |
| | |

## Lernsituation: Integrieren eines Computers in ein vorhandenes Netzwerk

Ein PC soll in ein Netzwerk (LAN) integriert werden und die vorhandenen Möglichkeiten, wie den Drucker und den zentralen Internetzugang, gemeinsam mit anderen PC nutzen.

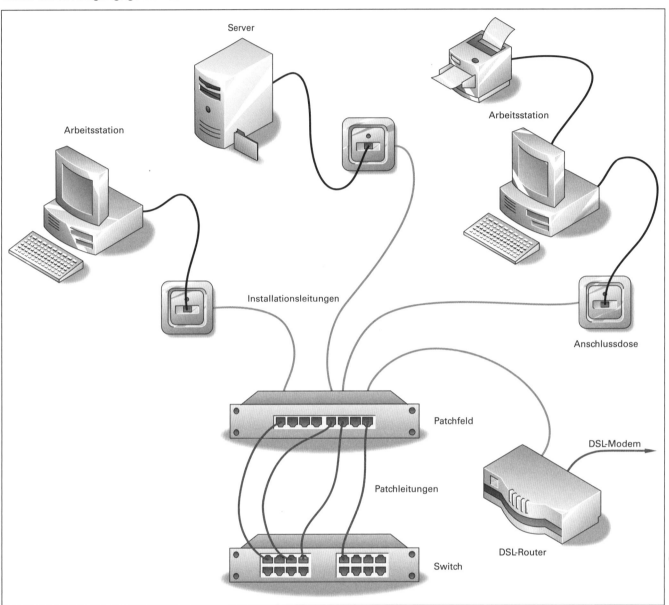

**Bild: Lokales Netzwerk**

### Arbeitsauftrag 1: Analyse der Bestandteile eines Computer-Netzwerkes

1. Ein lokales Netzwerk (LAN) beinhaltet eine Vielzahl von einzelnen Komponenten **(Bild)**. Beschreiben Sie die Aufgabe der in der Tabelle gezeigten Komponenten.

**Tabelle: LAN Komponenten**

| Switch | |
|---|---|
| Patchfield | |

📖 Fachkunde Elektrotechnik, Kapitel: Netzwerktechnik-Datenaustausch

## Arbeitsauftrag 2: Anschließen des Computers an ein Netzwerk

1. Ein PC soll in das Netzwerk integriert werden. Dazu muss der Computer aufgerüstet werden. Welche Teile **(Bild 1)** und Arbeiten sind dazu notwendig?

**Bild 1: Netzwerkkarte**

2. Bei den einzelnen verwendeten Komponenten in einem LAN werden als Qualitätskriterium auch Kategorien, z.B. Cat7, genannt. Die Kategorie gibt Auskunft über die Fähigkeit der Komponente mit hohen Übertragungsgeschwindigkeiten, z.B. 100 MBit/s, zurechtzukommen. Je höher die Geschwindigkeit der Daten desto höher sind die Frequenzen die darüber geleitet werden müssen. Recherchieren Sie im Internet für welche Frequenzen die folgenden Kategorien eingesetzt werden können und ergänzen Sie **Tabelle 1**.

| Tabelle 1: Kategorien und Übertragungsfrequenzen | | | |
|---|---|---|---|
| **Kategorie** | **Maximale Frequenz** | **Kategorie** | **Maximale Frequenz** |
| Cat. 6 | | Cat. 7 | |

3. Ergänzen und beschriften Sie in **Bild 2** die notwendigen Komponenten und Verbindungsleitungen für die Integration eines netzwerkfähigen PC in ein lokales Netzwerk nach dem Fast-Ethernet-Standard. Geben Sie jeweils die mindestens notwendige Kategorie an, um eine Datenübertragungsrate von 100 MBit/s zu erreichen sowie die maximale zulässige Leitungslänge.

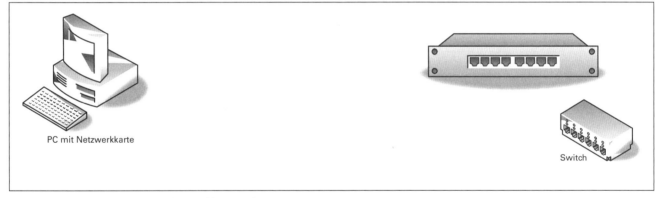

**Bild 2: PC-Anschluss an ein lokales Netzwerk**

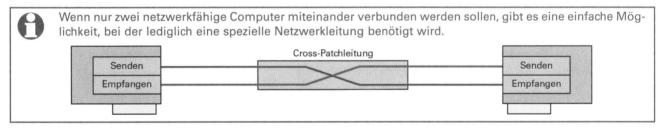

Wenn nur zwei netzwerkfähige Computer miteinander verbunden werden sollen, gibt es eine einfache Möglichkeit, bei der lediglich eine spezielle Netzwerkleitung benötigt wird.

4. Zur Herstellung von Verbindungen werden verschiedene Werkzeuge verwendet **(Tabelle 2)**. Finden Sie die richtigen Bezeichnungen und beschreiben Sie den Verwendungszweck.

| Tabelle 2: Werkzeuge für die Netzwerkmontage | |
|---|---|
| **Werkzeug** | **Bezeichnung und Verwendungszweck** |
| | |
| | |
| | |

5. Beim Auflegen der Leitungen **(Bild 2)** können die Leitungs-
farben nach zwei unterschiedlichen Spezifikationen (EIA/
TIA 568 A und B) angeschlossen werden. Ergänzen Sie in
den Ringen **(Bild 1)** jeweils die richtigen Farben.

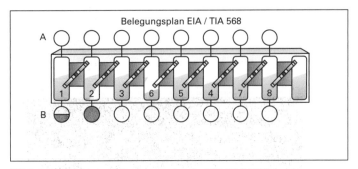

**Bild 1: Farbkennzeichnungen nach EIA/TIA 568**

6. Ergänzen Sie die fehlenden Verbindungen **(Bild 4)** der
Twisted-Pair (verdrillten) Leitung zum RJ45-Stecker **(Bild 3)**
nach EIA/TIA 568B.

www.netzmafia.de/skripten/netze/index.html

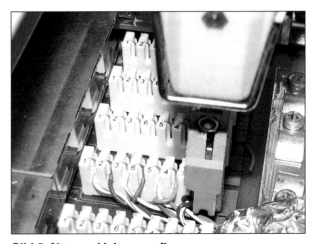

**Bild 2: Netzwerkleitung auflegen**

**Bild 3: RJ45-Stecker und Netzwerkleitung**

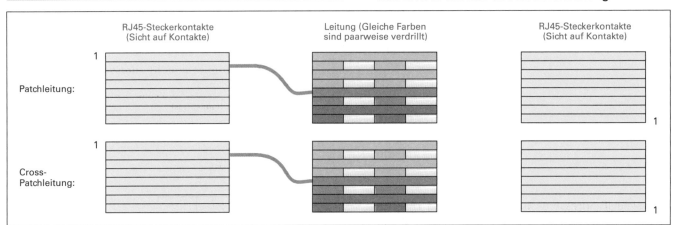

**Bild 4: RJ45-Stecker und Netzwerkleitung**

## Arbeitsauftrag 3: Installation und Einrichten des Netzwerk-Protokolls

Wenn ein Computer über eine Netzwerkkarte an ein Netzwerk angeschlossen ist, kann noch keine Information darüber
ausgetauscht werden. Dazu ist noch ein Protokoll notwendig. Das ist vergleichbar mit einer Sprache, die verwendet wird,
um Informationen über das Netz auszutauschen. Nur wenn alle beteiligten Rechner die gleiche Sprache sprechen, kann
die Kommunikation **(Bild 5)** zwischen den Rechnern funktionieren. Im Internet heißt das verwendete Protokoll **TCP/ IP**
(**T**ransmission **C**ontrol **P**rotocol / **I**nternet **P**rotocol).

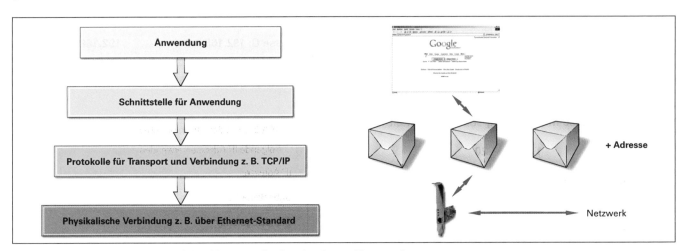

**Bild 5: Schichtenarchitektur bei der Kommunikation in einem Netzwerk**

Bild 1: IP-Konfiguration mit „ipconfig"

Im vorhandenen Netz ist das TCP/IP Protokoll vorhanden. Beim Installieren der Netzwerkkarte wurde dieses Protokoll automatisch mit installiert. Bevor die neu montierte Netzwerkkarte in Betrieb genommen wird, soll ein bereits vorhandener, im Netz eingebundener Rechner, untersucht werden.
Zur Analyse der TCP/IP-Einstellungen gibt es grafische Tools aus Windows sowie einfache Befehle auf Konsolenebene. Die Konsolenbefehle haben den Vorteil, dass sie sich in der Zeit der verschiedenen Betriebssystemgenerationen nicht oder kaum geändert haben und auf unterschiedlichen Betriebssystemplattformen, wie z.B. Windows und Linux, verfügbar sind. Zum Erkennen der vorhandenen Netzwerkeinstellungen gibt es im Konsolenfenster (**Bild 1**) den Befehl „ipconfig".

**1.** Im lokalen Netz wird in der Regel das TCP/IP Protokoll aus dem Internet verwendet. Finden Sie zwei weitere mögliche Netzwerk-Protokolle für ein LAN.

1. _____

2. _____

 Fachkunde Elektrotechnik,
Kapitel: Netzwerktechnik-Datenaustausch

 Jeder Rechner besitzt beim TCP/IP Protokoll eine eigene IP-Adresse. Diese darf in dem Netz, in dem sie sich befindet, nur einmal vorhanden sein.
Die IP-Adresse besteht im Wesentlichen aus zwei Teilen (**Bild 2**). Bei dem Teil der IP- Adresse der die Rechneradresse angibt muss beachtet werden, dass der Wert 0 und 255 für spezielle Anwendungen reserviert ist und darum nicht verwendet werden darf.
Um verschiedene Netzwerke mit jeweils unterschiedlicher Anzahl von Rechnern erzeugen zu können, wurden die IP-Adressen in Klassen (**Bild 3**) eingeteilt. Diese unterscheiden sich dadurch, dass in jeder Klasse eine unterschiedliche Anzahl von Rechnern untergebracht werden kann. Die sogenannte Subnetmask gibt an, an welcher Stelle der Netzwerkanteil der IP-Adresse steht.

|  | Netzwerk-Adresse | | | Rechner-Adresse |
|---|---|---|---|---|
| IP-Adresse | 192 | 168 | 32 | 188 |
| Subnetmask | 255 | 255 | 255 | 0 |

Bild 2: Bestandteile einer IP-Adresse

| | Subnetmask | | | | IP-Adressenbereich |
|---|---|---|---|---|---|
| Klasse A | 255 | 0 | 0 | 0 | 1.0.0.0 - 127.255.255.255 |
| Klasse B | 255 | 255 | 0 | 0 | 128.0.0.0 - 191.255.255.255 |
| Klasse C | 255 | 255 | 255 | 0 | 192.0.0.0 - 223.255.255.255 |

Bild 3: Einteilung der IP-Adressen in Klassen

**2.** Welche IP-Adresse besitzt der PC aus **Bild 1**? Welcher Klasse wird diese Adresse zugeordnet und welche Adressen sind im IP-Bereich des PCs prinzipiell möglich? Geben Sie dazu die Anfangs- und Endadresse an.

**IP-Adresse:** _____   **IP-Anfangsadresse im Bereich des PC:** _____

**Klasse:** _____   **IP-Endadresse im Bereich des PC:** _____

 Wenn jeder Rechner im lokalen Netz seine eigene IP-Adresse hätte, würde der Vorrat an weltweit vorhandenen IP-Adressen nicht ausreichen.
Darum sind für die lokalen Netze eigene IP-Adressenbereiche (**Bild 4**) festgelegt. Diese kommen im öffentlichen Netz nicht vor und dürfen dafür in jedem LAN verwendet werden.

Klasse A: 10.0.0.0   -   10.255.255.255

Klasse B: 172.16.0.0   -   172.31.255.255

Klasse C: 192.168.0.0   -   192.168.255.255

Bild 4: Privater IP-Adressenbereich

**3.** Ein neuer PC soll in ein Netz eingebunden werden, in der folgende Adresse mit „ipconfig" bereits ermittelt wurde:

**172.20.45.20**

**a)** Welche Klasse wird verwendet?

_____

**b)** Tragen Sie in die Maske (**Bild 5**) die benötigten Einstellungen ein.

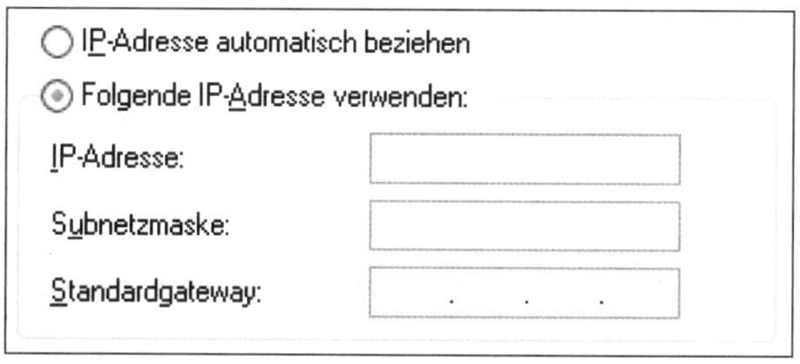

○ IP-Adresse automatisch beziehen
◉ Folgende IP-Adresse verwenden:
IP-Adresse: [_____]
Subnetzmaske: [_____]
Standardgateway: [__ . __ . __ ]

Bild 5: IP-Adresse und Subnetmask

## Arbeitsauftrag 4: Testen der Netzwerkverbindung

Nach den Protokolleinstellungen soll die Verbindung getestet werden. Dazu gibt es einen Konsolenbefehl mit der Bezeichnung „ping" **(Bild 1)**. Viele der Konsolenbefehle für den TCP/IP-Service besitzen zusätzliche Möglichkeiten (Optionen), welche sich mit dem Zusatz „/?" anzeigen lassen.

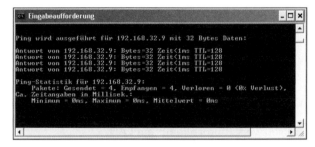

 Ermitteln Sie die IP-Adresse des Rechners zu dem Sie die Verbindung testen wollen. Prüfen Sie mit „ping" die Funktion.

**Bild 1: Testen mit dem Ping-Befehl**

**1.** Dokumentieren Sie die Anzeige, wenn nach erfolgreicher Verbindung eine Unterbrechung durch das Ziehen des Netzwerksteckers aus der Netzwerk-Karte herbeigeführt wird. Verwenden Sie dazu den Ping-Befehl mit der Option –t.

**2.** Welchen Nutzen bringt die Option „–t"?

 Bei Problemen mit einer Netzwerkverbindung kann die Leitung inklusive Steckverbindung mit einem Leitungstester **(Bild 2)** auf Durchgang geprüft werden.

 www.leitungspruefer.de

**Bild 2: Leitungstester**

## Arbeitsauftrag 5: Zugriff auf Netzwerkressourcen

Auf einem Rechner im Netzwerk, zu dem die Verbindung mit dem Befehl „Ping" bereits erfolgreich getestet wurde, soll über das Netzwerk eine Datei abgelegt werden. Dazu ist es notwendig, dass auf dem betreffenden Rechner eine Freigabe für das Netzwerk erstellt wird. Außerdem muss der User auf dem entfernten Rechner ein Recht besitzen um auf die Ressource in der Freigabe zuzugreifen **(Bild 3)**.

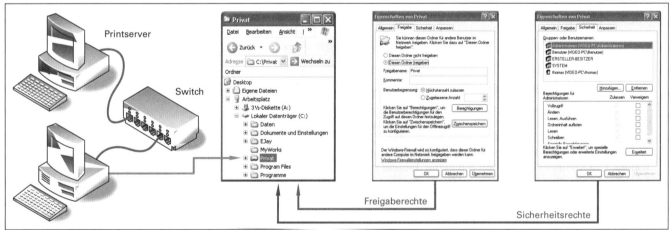

**Bild 3: Freigabe und Rechte im Netzwerk**

**1.** Öffnen Sie über den Explorer den freigegebenen Ordner eines anderen Rechners. Welche Folge hat es dabei, wenn Sie mit ihrem momentanen Anmeldenamen und Benutzerkennwort nicht als User auf dem Rechner mit der Freigabe angelegt worden sind?

**2.** Sie sollen eine Textdatei auf einem entfernten Rechner ablegen. Welche Voraussetzungen sind dafür notwendig?

## Arbeitsauftrag 6: Verbindung mit dem Internet

> ℹ️ In einem Netzwerk ist es günstiger einen zentralen Zugang zum Internet zu schaffen, als wenn jeder einzelne Rechner über ein Modem mit dem Internet verbunden wird.
> Für diese Art des Zugangs wird z.B. ein Router benötigt. Dieser ist auf der einen Seite mit dem lokalen Netzwerk verbunden und auf der anderen Seite mit dem Fernsprech-netz, um damit die Verbindung zum Internet über einen Internet-Zugangsprovider zu erhalten. Wenn der Router ein Datenpaket zur Übertragung erhält, wählt er sich beim Internetprovider ein, falls nicht vorher schon eine Ver-bindung bestanden hat. Dazu benötigt der Router die Zu-gangsdaten für den Provider, die bei seiner Einrichtung eingegeben werden müssen.

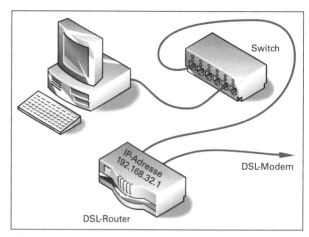

**Bild 1: Internetrouter**

1. Es soll für die Übersicht **(Bild 1)** ein Internetzugang über DSL hergestellt werden. Ergänzen Sie die folgende Darstel-lung **(Bild 2)** mit den benötigten Komponenten. Beschriften Sie die Komponenten und zeichnen Sie die notwendi-gen Verbindungen ein.

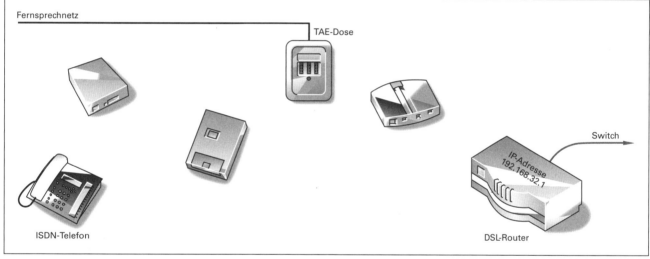

**Bild 2: Internetzugang für das LAN über DSL**

2. Ein Internetzugang kann auf verschiedene Weise eingerichtet werden. In jedem Fall wird jedoch eine Verbindung zum nächsten Einwahlknoten bei seinem Provider für den Internetzugang benötigt. Dazu werden die Fernsprech-leitungen genutzt. Es gibt inzwischen von den Zugangsprovidern verschiedene Dienste um Daten über das Fern-sprechnetz zu übertragen. Daraus entstehen sehr unterschiedliche Übertragungsbandbreiten aber auch unter-schiedliche Kosten. Vergleichen Sie in der **Tabelle** einen analogen Anschluss mit einem modernen digitalen An-schluss und geben Sie die verschiedenen Übertragungsraten für den Zugang zum Internet an.

| Tabelle: Anschlussmöglichkeiten für den Internetzugang über das Fernsprechnetz | | | |
|---|---|---|---|
| **Anschlussbezeichnung** | **Bandbreite Download** | **Bandbreite Upload** | **Provider** |
| Analog | | | |
| DSL 2000 | | | |

3. Wenn der PC mit der IP-Adresse 192.168.32.20 bei einer Internetverbindung den Weg über den Router finden soll, muss eine zusätzliche Eingabe bei den TCP/IP-Einstellun-gen durchgeführt werden. Damit der Rechner weiß, an wen er ein Paket senden muss, wenn sich die Gegenstelle nicht im eigenen LAN befindet, gibt es die Einstellmöglich-keit „Gateway". Alle Zieladressen, die nicht im eigenen LAN liegen, werden an den Gateway gegeben. Der Gate-way wird im Beispiel **(Bild 1)** durch den DSL Router ver-wirklicht. Ergänzen Sie die fehlenden Einträge in der Bild-schirmmaske **(Bild 3)** um den Zugang über den Router zu erlangen.

○ IP-Adresse automatisch beziehen

◉ Folgende IP-Adresse verwenden:

IP-Adresse: [_____]

Subnetzmaske: [_____]

Standardgateway: [_____]

**Bild 3: Einstellung des Gateway**

Bei der Suche nach Webseiten im Internet wird ein Browser, z.B. der MS-Internet-Explorer, benötigt. Das gewünschte Ziel muss mit seiner IP-Adresse und dem Dienst, z.B. http , der die Anfrage beantworten soll angegeben werden.
Der Umgang mit IP-Adressen ist ähnlich schwierig wie das Einprägen von Telefonnummern. Darum gibt man die Zieladresse (URL[1]) in einer einfacheren Art, in Form von z.B. **http:// www.europaverlag.de**, an. Allerdings muss dieser Name noch in eine IP-Adresse umgewandelt werden. Dazu gibt es im Internet einen Dienst der als DNS (Domain Name Service) bezeichnet wird. Er hat die ähnliche Aufgabe wie eine Telefonauskunft. Damit der in den Browser eingegebene Zielname über den DNS in eine IP-Adresse umgewandelt werden kann, wird die DNS-Adresse benötigt. Diese ist abhängig von dem Provider bei dem der Zugang zum Internet erfolgt.

**4.** Finden Sie die DNS-IP-Adresse für Ihren Provider und geben Sie diese in das Feld DNS in den IP-Einstellungen unterhalb des Gateway-Eingabefensters ein. Damit ist der Zugang zum Internet über den Router fertig konfiguriert.

**Provider:** _____  **DNS-IP-Adresse:** _____

## Arbeitsauftrag 7: Einbinden eines Netzwerkdruckers

**1.** Nennen Sie verschiedene Vorteile eines Netzwerkdruckers gegenüber einem lokalen Drucker.

_____

_____

_____

Bei der Installation eines lokalen Druckers **(Seite 132)** wurde während des Installationsvorgangs die Freigabe des D r u c k e r s zur Auswahl angegeben. Ist der Drucker freigegeben, kann über das Netzwerk auf ihn zugegriffen werden **(Bild 1)**, wenn der betreffende User ein Recht auf diesem Rechner besitzt. Der PC mit dem Drucker wird zum Printserver.

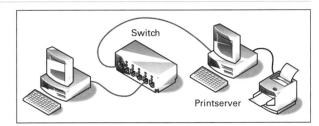

**Bild 1: Drucker im lokalen Netz**

 Installieren Sie einen Netzwerkdrucker.

**2.** Unter dem Menüpunkt Drucker, in den Einstellungen des Betriebssystems, sind verschiedene installierte Drucker-warteschlangen aufgelistet. Für einen vorhandenen Drucker können mehrere Warteschlangen angelegt werden. Jede Warteschlange kann unterschiedliche Eigenschaften besitzen. Durch das Betätigen der rechten Maustaste auf einen Eintrag gelangt man über „Eigenschaften" in ein weiteres Menü, in dem neben anderen Einstellungen auch die Verfügbarkeit eingestellt werden kann. Erklären Sie die Möglichkeiten dieser Einstellung.

_____

_____

_____

_____

 Anstatt einen PC als Printserver zu verwenden, kann ein Gerät mit ausschließlich dieser Funktion auch einzeln installiert werden **(Bild 2)**.
Das spart Platz und ist kostengünstiger. Einige Drucker besitzen einen Netzwerkanschluss. Hier ist der Printserver gleich im Drucker integriert.

**Bild 2: Printserver**

**3.** Es existieren auch Möglichkeiten Dokumente drahtlos von einem Rechner z.B. einem Notebook auf einen Drucker auszugeben. Ergänzen Sie die **Tabelle**.

| Tabelle: Standards für das drahtlose Anbinden von Druckern | | | |
|---|---|---|---|
| **Standard** | **Übertragungsmedium** | **Frequenz** | **Maximale Reichweite** |
| WLAN | | | |
| Infrarot | | | |

URL[1] = Uniform Ressource Locator

1. PCs werden zunehmend in lokale Netzwerke integriert. Ergänzen Sie die Mindmap **(Bild 1)** mit Argumenten, für die verschiedenen Vorteile, die ein lokales Computernetzwerk bietet und präsentieren Sie Ihr Ergebnis.

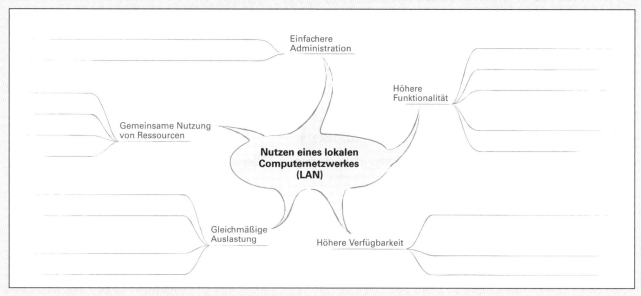

**Bild 1: Nutzen eines lokalen Netzwerkes**

2. In einem Netzwerk werden **a)** Installationsleitungen und **b)** Patchleitungen verwendet. Beschreiben Sie in der **Tabelle 1** die jeweiligen Merkmale und das Einsatzgebiet.

| Tabelle 1: Installationsleitung und Patchleitung | | |
|---|---|---|
| **Leitung** | **Merkmale** | **Einsatzgebiet** |
| **a)** | | |
| **b)** | | |

3. Die Netzwerkkarte **(Bild 2)** hat drei LEDs. Welche Information wird jeweils angezeigt?

**Bild 2: Rückseite Netzwerkkarte**

4. Für die Wartung des TCP/IP-Protokoll gibt es neben den bisher eingesetzten Befehlen wie „ping" und „ipconfig" noch weitere Befehle, die vor allem für Prüfungen bei der Kommunikation über das Internet wichtig sein können. Finden Sie Möglichkeiten für die Anwendung dieser Befehle und tragen Sie die Ergebnisse in die **Tabelle 2** ein.

| Tabelle 2: Mögliche Befehle für Untersuchungen einer Rechnerverbindung über das Internet | |
|---|---|
| **Konsolenbefehl** | **Verwendungszweck** |
| **tracert** | |
| **netstat** | |

## Lernsituation: Gewährleisten von Datensicherheit, Datenschutz und Urheberrechten

In der Firma eines Handwerkers soll nach der Fertigstellung eines kleinen Firmennetzwerkes die Datensicherheit und der Datenschutz **(Bild 1)** realisiert werden. Außerdem möchte der Handwerker sicher sein, dass er, bei der von ihm eingesetzten Software, keine Urheberrechte verletzt.

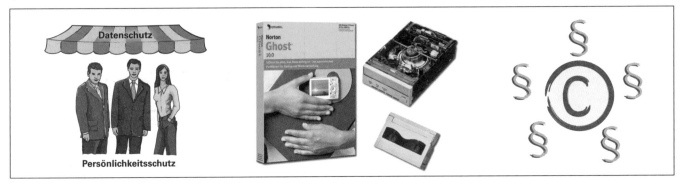

**Bild 1: Datenschutz und -sicherheit**

### Arbeitsauftrag 1: Unterschied von Datensicherheit und Datenschutz feststellen

1. Datensicherheit und Datenschutz werden oft miteinander verwendet und verwechselt. Die beiden Begriffe müssen jedoch gegeneinander abgegrenzt werden. Erklären Sie die Oberbegriffe „Datenschutz" und „Datensicherheit" in der **Tabelle**.

 Fachkunde Elektrotechnik, Kapitel: Datensicherung und Datenschutz

| Tabelle: Datenschutz und Datensicherheit | |
|---|---|
| **Begriff** | **Erklärung** |
| Daten-sicherheit | |
| Daten-schutz | |

2. Ergänzen Sie die Mindmap **(Bild 2)** mit Inhalten zum Thema Datensicherheit.

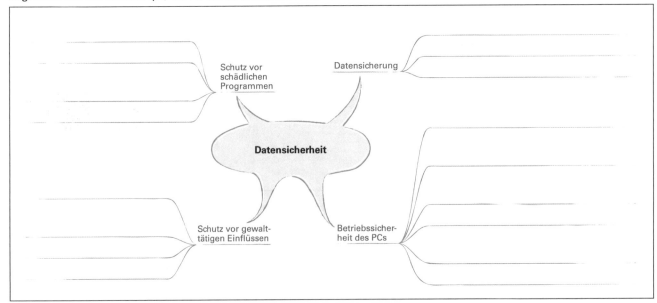

**Bild 2: Herstellen von Datensicherheit**

3. Nennen Sie Beispiele für mögliche Verletzungen des Datenschutzes bei einem Computersystem.

## Arbeitsauftrag 2: Herstellen von Datensicherheit

Beim Anlegen einer neuen Datei oder Ändern einer vorhandenen Datei werden auf der Festplatte Archivbits gesetzt.

Diese haben für ein Datensicherungsprogramm **(Bild 1)** eine Funktion die ähnlich einer Ampel ist. Wenn das Archivbit einer Datei gesetzt ist, wird signalisiert, hier hat sich etwas geändert und darum muss die Datei gesichert werden. Wenn die geänderten Daten gesichert sind, wird vom Datensicherungsprogramm das Archivbit wieder zurückgesetzt. Damit wird signalisiert, dass seit der letzten Sicherung keine Änderung stattgefunden hat.

www.bsi-fuer-buerger.de
www.pchilfe.org/backinfo.htm

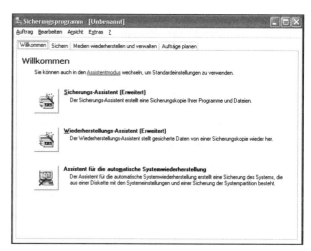

**Bild 1: Datensicherungsprogramm**

Ein wichtiges Werkzeug für die Erstellung einer Datensicherung (Backup) ist eine Backup-Software. Bei einem solchen Programm sind über die Verwaltung der Archivbits verschiedene Sicherungsbetriebsarten **(Bild 2)** möglich.

Führen Sie ein Backup mit einem Sicherungsprogramm durch und untersuchen Sie dabei die verschiedenen Sicherungsarten.

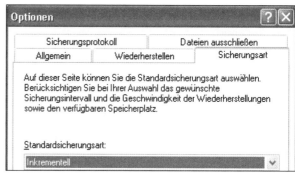

**Bild 2: Sicherungsbetriebsarten**

Ermitteln Sie die Unterschiede der verschiedenen Sicherungsbetriebsarten hinsichtlich der gesicherten Dateien und dem Setzen oder Rücksetzen des Archivbits. Tragen Sie die Ergebnisse in die **Tabelle** ein.

**Tabelle: Verschiedene Sicherungsbetriebsarten**

| Sicherungsmodus | Gesicherte Dateien und Verwaltung des Archivbits |
|---|---|
| Normal | |
| Inkrementell | |
| Differenziell | |

## Arbeitsauftrag 3: Herstellen von Datenschutz

Beschreiben Sie eine Möglichkeit zur Unterstützung des Datenschutzes an einem PC.

## Arbeitsauftrag 4: Erkennen der Gefahr von schädlichen Programmen

1. Es gibt eine Vielzahl von Programmen, die ungewollt auf dem Rechner platziert werden und dort Schaden anrichten oder geheime Informationen weitergeben. Je nach Arbeitsweise und Zielsetzung dieser Programme wird z.B. zwischen Viren, Trojanern und Würmern unterschieden. Der Anwender eines PC muss sich den Gefahren bewusst sein, die durch solche Programme entstehen. Außerdem sollte er den Ausbreitungsweg dieser Programme kennen, um vorbeugende Maßnahmen treffen zu können. Ergänzen Sie die **Tabelle 1** mit wichtigen Informationen über die Verbreitung und möglichen Gefahren dieser Programme.

| Tabelle 1: Gefahr und Verbreitung von schädlichen Programmen | | |
|---|---|---|
| **Art** | **Verbreitung** | **Gefahren** |
| Virus | | |
| Trojaner | | |
| Wurm | | |

2. Ein Anwender stellt sich die Frage, ob er bereits schädliche Programme auf seinem Rechner hat. Dazu benötigt er spezielle Programme **(Bild)** zur Erkennung und der anschließenden Beseitigung. Nennen Sie verschiedene aktuelle Antiviren-Programme auf dem Software-Markt, die dafür eingesetzt werden können.

**Bild: Antiviren-Software**

3. Neben Viren, Würmern und Trojanern gibt es noch eine Reihe zusätzlicher unerwünschter Software. Erklären Sie die Bedeutung der Begriffe in der **Tabelle 2**. Geben Sie auch jeweils eine Art von Software zur Abwehr an.

| Tabelle 2: Angriffe aus dem Internet und deren Abwehr | | |
|---|---|---|
| **Art des Angriff** | **Bedeutung** | **Abwehr-Software** |
| Spam | | |
| Spyware | | |
| Dialer | | |
| Zugriff auf den Rechner | | |
| Phising | | |

4. Welche wichtigen Anforderungen müssen an ein Komplettpaket für die Abwehr von Angriffen aus dem Internet gestellt werden um einen möglichst umfassenden Schutz zu erhalten?

## Arbeitsauftrag 5: Bedeutung von Urheber- und Medienrecht

Medienrecht ist ein Oberbegriff für die rechtliche Regelung in allen Bereichen die mit Medien zu tun haben. Dabei ist ein zunehmender Bereich die Verteilung von Informationen mithilfe der Informationstechnik, wie z.B. dem Internet. Ein wichtiger Bestandteil ist dabei auch die Wahrung der Urheberrechte.
Viele Programme im Internet stehen zum Download bereit. Doch nicht alle Programme sind dabei uneingeschränkt nutzbar. Sie unterliegen bestimmten Bestimmungen des Urhebers. Bei Programmen existieren einige gängige Bezeichnungen, die einen Hinweis auf solche Rechte **(Bild)** geben.

**Bild: Copyright**

1. Ergänzen Sie in der **Tabelle** die Erklärung für verschiedene Bezeichnungen zum Urheberrecht.

| Tabelle: Copyrightbezeichnungen und deren Bedeutung | |
|---|---|
| **Bezeichnung** | **Bedeutung** |
| **Public Domain** | |
| **Shareware** | |
| **Freeware** | |

2. Neben Programmen sind beim Umgang mit dem Computer auch noch andere Werke vom Urheberrecht betroffen. Geben Sie drei Beispiele dazu an.

1. _____

2. _____

3. _____

3. Welche Konsequenzen entstehen aus Urheberrechtverletzungen für den Inhaber der Urheberrechte?

_____

_____

_____

4. Nennen Sie verschiedene Möglichkeiten, wie man am Beispiel eines Computerprogramms als Urheber die Verletzung seiner Rechte erschweren kann.

_____

_____

_____

_____

## Testen Sie Ihre Fachkompetenz

1. Wichtig für einen Computerfachmann ist, dass er für Situationen, welche die Datensicherheit gefährden können, Gegenmaßnahmen einsetzt. Finden Sie für die in der Tabelle angegebenen Gefahren entsprechende vorbeugende Maßnahmen zur Sicherheit der Daten.

| **Tabelle: Maßnahmen für Datensicherheit** | |
|---|---|
| **Gefahr** | **Erklärung der vorbeugenden Maßnahmen** |
| **Schädliche Programme z.B. Viren, Würmer, …** | |
| **Stromausfall noch vor dem Speichern auf die Festplatte** | |
| **Festplatte defekt** | |
| **Diebstahl des PC** | |

2. Wodurch können schädliche Programme den Datenschutz verletzen?

3. Ergänzen Sie die Mindmap **(Bild)** mit verschiedenen Möglichkeiten zur Herstellung von Datenschutz in einem Netzwerk.

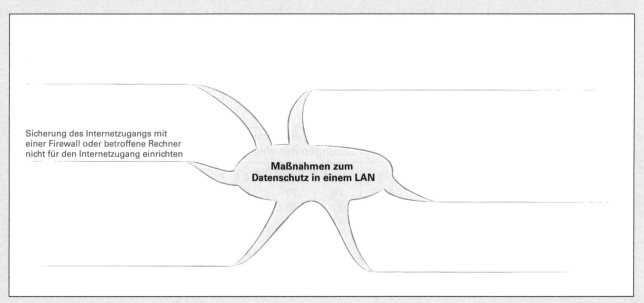

Sicherung des Internetzugangs mit einer Firewall oder betroffene Rechner nicht für den Internetzugang einrichten

**Maßnahmen zum Datenschutz in einem LAN**

**Bild: Maßnahmen zum Herstellen von Datenschutz**

## Strombelastbarkeit von Kabeln und isolierten Leitungen
Nach DIN VDE 0298 Teil 4

### Tabelle 1: Verlegarten von Kabeln und isolierten Leitungen

| Verlegeart | | Verlegebedingungen (Wichtige Beispiele) |
|---|---|---|
| A1 | | **Referenzverlegeart\*: Verlegung in wärmegedämmten Wänden**<br>• Aderleitungen im Elektroinstallationsrohr,<br>• Aderleitungen in Formleisten oder in Formteilen. |
| A2 | | • Mehradrige Kabel oder mehradrige Mantelleitungen im Elektroinstallationsrohr,<br>• mehradrige Kabel oder mehradrige Mantelleitungen in einer wärmegedämmten Wand. |
| B1 | | **Referenzverlegeart: Verlegung in Elektroinstallationsrohren**<br>• Aderleitungen im Elektroinstallationsrohr auf oder in der Wand,<br>• Aderleitungen, einadrige Kabel oder Mantelleitungen im Elektroinstallationskanal. |
| B2 | | • Mehradrige Kabel oder Mantelleitungen im Elektroinstallationsrohr auf der Wand,<br>• mehradrige Kabel oder Mantelleitungen im Elektroinstallationskanal,<br>• mehradrige Kabel oder Mantelleitungen im Sockelleisten- oder im Unterflurkanal. |
| C | | **Referenzverlegeart: Verlegung direkt auf dem Untergrund (Wand)**<br>• Ein - oder mehradrige Kabel oder Mantelleitungen auf oder in der Wand oder unter der Decke,<br>• Stegleitungen im oder unter Putz. |
| D | | **Referenzverlegeart: Verlegung in der Erde**<br>• Mehradriges Kabel oder mehradrige ummantelte Installationsleitung im Elektroinstallationsrohr oder im Kabelschacht in der Erde. |
| E | | **Referenzverlegeart: Verlegung frei in der Luft**<br>• Mehradrige Kabel oder mehradrige Mantelleitungen frei in der Luft verlegt mit einem Mindestabstand $a \geq 0{,}3 \cdot d$ zur Wand ($d$ = Leitungsdurchmesser),<br>• Kabel oder Leitungen auf gelochten Kabelrinnen oder auf Kabelkonsolen. |
| F | | • Einadrige Kabel oder einadrige Mantelleitungen mit gegenseitiger Berührung verlegt und mit einem Mindestabstand $a \geq 1 \cdot d$ zur Wand. |
| G | | • Einadrige Kabel oder einadrige Mantelleitungen mit einem gegenseitigen Abstand $a \geq 1 \cdot d$ verlegt und einem Mindestabstand $a \geq 1 \cdot d$ zur Wand,<br>• blanke Leiter oder Aderleitungen auf Isolatoren. |

\*Referenzverlegeart: Grundsätzliches Merkmal der Verlegeart, z.B. in wärmegedämmten Wänden oder frei in der Luft

### Tabelle 2: Bemessungswert $I_r$ der Strombelastbarkeit von Kabeln und Leitungen für feste Verlegung in den Verlegearten A1, A2, B1, B2, C und D bei einer Umgebungstemperatur von 30 °C

Nach DIN VDE 0298 Teil 4 (Auszug)

| Verlegeart | A1 | | A2 | | B1 | | B2 | | C | | D | |
|---|---|---|---|---|---|---|---|---|---|---|---|---|
| belastete Adern | 2 | 3 | 2 | 3 | 2 | 3 | 2 | 3 | 2 | 3 | 2 | 3 |
| Nennquerschnitt in mm² Cu | Bemessungswert $I_r$ der Strombelastbarkeit in A für PVC-isolierte Kabel und Leitungen mit einer Betriebstemperatur am Leiter bis 70 °C | | | | | | | | | | | |
| 1,5 | 15,5 | 13,5 | 15,5 | 13 | 17,5 | 15,5 | 16,5 | 15 | 19,5 | 17,5 | 18,5 | 15,5 |
| 2,5 | 19,5 | 18 | 18,5 | 17,5 | 24 | 21 | 23 | 20 | 27 | 24 | 25 | 21 |
| 4 | 26 | 24 | 25 | 23 | 32 | 28 | 30 | 27 | 36 | 32 | 32 | 27 |
| 6 | 34 | 31 | 32 | 29 | 41 | 36 | 38 | 34 | 46 | 41 | 40 | 34 |
| 10 | 46 | 42 | 43 | 39 | 57 | 50 | 52 | 46 | 63 | 57 | 54 | 45 |
| 16 | 61 | 56 | 57 | 52 | 76 | 68 | 69 | 62 | 85 | 76 | 69 | 59 |
| 25 | 80 | 73 | 75 | 68 | 101 | 89 | 90 | 80 | 112 | 96 | 88 | 76 |
| 35 | 99 | 89 | 92 | 83 | 125 | 110 | 111 | 99 | 138 | 119 | 106 | 91 |

Bemessungswerte $I_r$ für die Verlegearten E, F und G siehe DIN VDE 0298 Teil 4 oder Tabellenbuch Elektrotechnik

**Tabelle 1: Umrechnungsfaktoren $f_1$ für abweichende Umgebungstemperaturen**
Nach DIN VDE 0298 Teil 4 (Auszug)

| Umgebungstemperatur in °C | 10 | 15 | 20 | 25 | 30 | 35 | 40 | 45 | 50 | 55 | 60 | 65 | 70 |
|---|---|---|---|---|---|---|---|---|---|---|---|---|---|
| PVC-Isolierung[1] | 1,22 | 1,17 | 1,12 | 1,06 | 1,0 | 0,94 | 0,87 | 0,79 | 0,71 | 0,61 | 0,5 | – | – |
| Gummi-Isolierung[2] | 1,29 | 1,22 | 1,15 | 1,08 | 1,0 | 0,91 | 0,82 | 0,71 | 0,58 | 0,41 | – | – | – |

Grenztemperaturen am Leiter: [1]PVC: 60 °C bis 90 °C; [2]Natürlicher oder synthetischer Kautschuk: 60 °C

**Tabelle 2: Umrechnungsfaktoren $f_2$ bei Häufung von Kabeln oder Leitungen auf der Wand, im Rohr, im Kanal oder auf dem Fußboden verlegt**
Nach DIN VDE 0298 Teil 4 (Auszug)

| Anordnung der Leitungen | | Anzahl der mehradrigen Leitungen oder Anzahl der Wechsel- oder Drehstromkreise | | | | | | | | | |
|---|---|---|---|---|---|---|---|---|---|---|---|
| | | 1 | 2 | 3 | 4 | 5 | 6 | 7 | 8 | 9 | 10 |
| • Gebündelt direkt auf der Wand, • auf dem Fußboden, • im Elektroinstallationskanal oder -rohr, auf oder in der Wand | 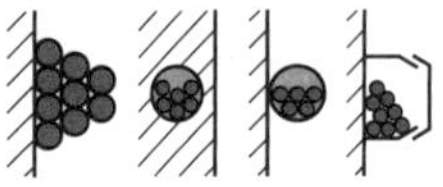 | 1,0 | 0,8 | 0,7 | 0,65 | 0,6 | 0,57 | 0,54 | 0,52 | 0,5 | 0,48 |
| • Einlagig ohne Zwischenraum auf der Wand oder • einlagig ohne Zwischenraum auf dem Fußboden | 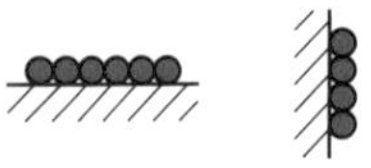 | 1,0 | 0,85 | 0,79 | 0,75 | 0,73 | 0,72 | 0,72 | 0,71 | 0,7 | 0,7 |

Umrechnungsfaktoren für weitere Leitungsanordnungen: Tabellenbuch Elektrotechnik oder DIN VDE 0298 Teil 4

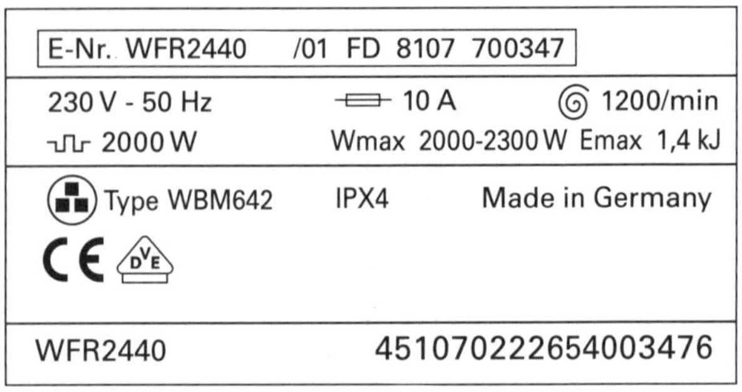

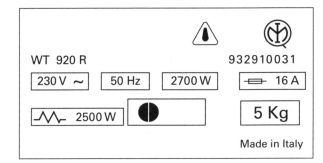

E-Nr. WFR2440 /01 FD 8107 700347

230 V - 50 Hz ⎓ 10 A ⑥ 1200/min
⎍ 2000 W Wmax 2000-2300 W Emax 1,4 kJ
Type WBM642 IPX4 Made in Germany
CE ⟨VDE⟩

WFR2440 451070222654003476

**Bild 1: Typenschild Waschvollautomat**

WT 920 R 932910031
230 V ~ 50 Hz 2700 W ⎓ 16 A
⎓ 2500 W 5 Kg
Made in Italy

**Bild 2: Typenschild Wäschetrockner**

**Tabelle 3: Bemessungswerte $I_n$ von Überstrom-Schutzeinrichtungen zwischen $I_n$ 6 A ... 63 A**

| 6 A | 10 A | 13 A | 16 A | 20 A | 25 A | 32 (35*) A | 50 A | 63 A |
|---|---|---|---|---|---|---|---|---|

*In Klammer: Bemessungsstrom von Schmelzsicherungen

**Tabelle 4: Außendurchmesser metrischer PVC-Installationsrohre**

| Bezeichnung, Außendurchmesser in mm | M 16 | M 20 | M 25 | M 32 | M 40 |
|---|---|---|---|---|---|

**Tabelle 5: Außendurchmesser und Außenquerschnitt von Mantelleitungen**

| Aderzahl und Querschnitt in mm² | Außendurch-messer* in mm | Außenquerschnitt in mm² |
|---|---|---|
| 3 x 1,5; 4 x 1,5 | 11 | 95 |
| 3 x 2,5; 5 x 1,5 | 12 | 113 |
| 5 x 2,5; 7 x 1,5 | 14 | 154 |
| 5 x 10 | 22 | 380 |
| 5 x 16 | 26 | 531 |

*Mantelleitung NYM

**Tabelle 6: Abmessungen und Fassungsvermögen von Installationskanälen**

| Abmessungen Höhe x Breite in mm | Kanalquerschnitt in mm² | Anzahl Leitungen* ⌀ 11 mm |
|---|---|---|
| 15 x 15 | 167 | 1 |
| 20 x 20 | 246 | 1 |
| 20 x 35 | 480 | 2 |
| 30 x 45 | 1023 | 5 |
| 30 x 60 | 1309 | 7 |

*Z.B. Mantelleitung NYM 3 x 1,5 mm²

# Auslösekennlinien von Überstrom- Schutzeinrichtungen

DIN VDE 0636
DIN VDE 0641

## Strom-Zeit-Kennlinien von Niederspannungssicherungen gG (früher gL)

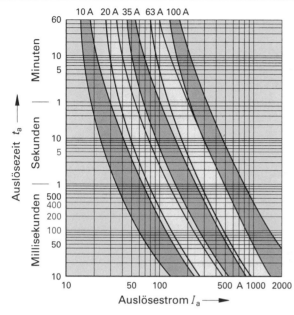

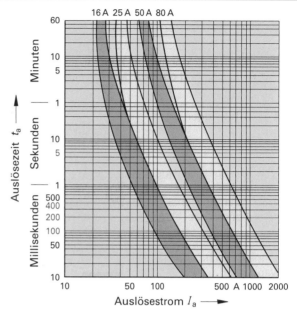

Kennlinie der Schmelzsicherung gG 13 A siehe DIN VDE 0636 Teil 301 oder Fachkunde Elektrotechnik, Kapitel: Elektrische Anlagen

## Auslösekennlinien von Leitungsschutzschaltern

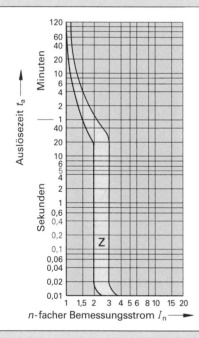

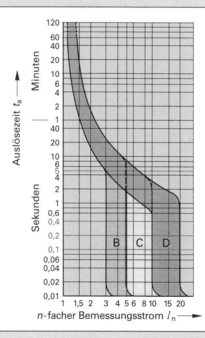

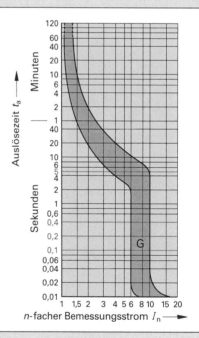

## Abschaltströme; $\chi$-Faktoren[1] von LS-Schaltern zur Berechnung des Abschaltstromes $I_a$ (Auswahl)

| Charakteristik | Z | B | C | D | G | Anwendungsbeispiele |
|---|---|---|---|---|---|---|
| $\chi$-Faktoren | 1,2 | 1,45 | 1,45 | 1,45 | 1,35 | Z: Halbleiterschutz, Spannungswandler |
| Abschaltstrom $I_a$ | $3 \cdot I_n$ | $5 \cdot I_n$ | $10 \cdot I_n$ | $20 \cdot I_n$ | $10 \cdot I_n$ | B: Hausinstallation |
| | | | | | | C: Kleintransformatoren, Motoren, Beleuchtungsstromkreise |
| | | | | | | D, G: Motorstromkreise oder Transformatoren mit hohem Einschaltstrom |

[1] Griechischer Kleinbuchstabe chi
LS-Schalter Typ Z und G lösen im Überlastbereich früher aus
($\chi$ = 1,2 ... 1,35) als LS-Schalter des Typs B, C und D ($\chi$ = 1,45)

## Auszug aus dem Großhändlerkatalog

| Bezeichnung | Bestell-Nummer | € Stk. / m | Bezeichnung | Bestell-Nummer | € Stk. / m |
|---|---|---|---|---|---|
| **Mantelleitungen NYM** | | | **Wassergeschützte AP-Schaltgeräte WG 600** | | |
| Mantelleitung nach DIN VDE 0250 | | | Gehäusefarbe grau, Schutzart IP 44 | | |
| NYM-0 2 x 1,5 | 0110 479 | 0,71 | Wippschalter Aus 1polig | 0833401 | 7,98 |
| NYM-0 3 x 1,5 | 0110 022 | 0,54 | Wippschalter Serien | 0833405 | 14,39 |
| NYM-0 4 x 1,5 | 0110 029 | 0,74 | Wippschalter Aus/Wechsel | 0833406 | 8,79 |
| NYM-J 3 x 1,5 | 0110 308 | 0,51 | Wippkontrollschalter Aus | 0833426 | 16,21 |
| NYM-J 4 x 1,5 | 0110 309 | 0,74 | Taster 1polig Schließer | 0810515 | 9,51 |
| NYM-J 5 x 1,5 | 0110 310 | 0,76 | Taster 1polig Wechsler | 0810516 | 10,26 |
| NYM-J 7 x 1,5 | 0110 375 | 1,73 | Taster 2polig Wechsler | 0810518 | 12,44 |
| NYM-J 3 x 2,5 | 0110 521 | 0,96 | Schutzkontakt-Steckdose 10 A, 250 V =; 16 A, 250 V~ | 0863068 | 7,28 |
| NYM-J 5 x 2,5 | 0110 358 | 1,35 | Wechselschalter mit Schutzkontakt-Steckdose 10 A, 250 V =; 16 A, 250 V~ | 0833409 | 18,57 |
| NYM-J 3 x 4 | 0110 326 | 1,73 | | | |
| **Elektroinstallationsrohre PVC, glatt, starr** | | | **Leitungsschutzschalter** | | |
| PVC-flammwidrig, mittlere Druckfestigkeit 320 N, leichte Schlagfestigkeit, für alle Installationen auf Putz und in Hohlwänden | | | Auslösecharakteristik Typ B oder C nach DIN VDE 0641, 1polig, Schaltvermögen 10 kA | | |
| EPK M16 ($d$ = 16mm) | 0500342 | 0,78 | B 10 A | 0658197 | 7,55 |
| EPK M20 | 0500348 | 0,93 | B 13 A | 0658198 | 7,55 |
| EPK M 25 | 0500350 | 1,25 | B 16 A | 0658199 | 5,45 |
| EPK M 32 | 0500351 | 2,00 | B 20 A | 0658174 | 7,95 |
| EPK M 40 | 0500352 | 2,94 | C 10 A | 0658184 | 14,40 |
| EPK M 50 | 0500353 | 3,86 | C 13 A | 0658185 | 14,40 |
| EPK M 63 | 0500354 | 5,35 | C 16 A | 0658186 | 13,70 |
| **Elektroinstallationskanäle** | | | **Feuchtraum-Wannenleuchten** | | |
| Leitungsführungskanal, PVC halogenfrei, einzügig ohne Trennwand, Farbe grau | | | Glasfaserverstärktes Polyestergehäuse IP 65, verlustarmes Vorschaltgerät, klares Prismenglas mit Innenprismen, kompensiert | | |
| LFK 20 x 20 ($H$ x $B$) | 0404000 | 1,75 | 1 x 36 W | 1504360 | 36,70 |
| LFK 20 x 35 | 0404050 | 2,65 | 1 x 58 W | 1504361 | 40,90 |
| LFK 30 x 45 | 0404002 | 4,65 | 2 x 36 W | 1504362 | 57,70 |
| LFK 30 x 60 | 0404013 | 5,80 | 2 x 58 W | 1504363 | 65,00 |
| **Feuchtraum-Abzweigdosen** | | | **Leuchtstofflampen** | | |
| Thermoplast hellgrau, halogenfrei, mit selbstdichtenden Membraneinführungen, für Klemmen bis 2,5 mm² | | | Sockel G 13, Rohrdurchmesser 26 mm, Farbwiedergabestufe 80 | | |
| SD 7, 75 x 75 x 37 mm (7) | 0472001 | 1,26 | 36 Watt, 1200 mm | 1310176 | 4,49 |
| i 12, 85 x 85 x 37 mm, (12) | 0472011 | 1,40 | 58 Watt, 1500 mm | 1310181 | 4,92 |
| **Stromstoßschalter** | | | **Kunststoff-Ovalleuchte, Leuchtmittel** | | |
| Mit Handbetätigung und Schaltstellungsanzeige, Steuerspannung 230 V, Kontakte 16 A, 230 V~ | | | Abdeckung Glas strukturiert, Schutzkorb mit Klappbügel, Gehäuse Kunststoff blau, Lampenleistung maximal 100 W | | |
| S12-100-230 V~; 1S | 0650340 | 20,80 | Kunststoff-Oval-Leuchte | 1401410 | 4,90 |
| S12-110-230 V~ ; 1S + 1 Ö | 0665407 | 26,00 | Standardlampe 230 V, 75 W | 1300024 | 0,85 |

# Motorschutz, thermisches Überstromrelais (Motorschutzrelais)
(Auszug aus Datenblatt)

Schaltzeichen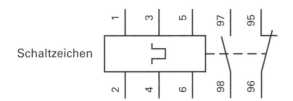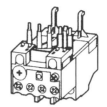

| Bezeichnung, allg. Hinweise | Technische Daten |
|---|---|
| Überstromrelais (min. - max.) | 0,1 bis 0,16 A |
| Hilfsschalter (S: Schließer, Ö: Öffner) | 1 Ö, 1 S |
| Zur Verwendung für die Schütze (Beispiele) | DILM7, DILM9, DILM12, DILM15 |
| Schutzart | IP20 |
| **Hauptstrombahnen** | |
| Bemessungsbetriebsspannung | 690 V AC |
| Bemessungsstoßspannungsfestigkeit | 6000 V AC |
| Bemessungsisolationsspannung | 690 V AC |
| Einstellbereich | 0,1 bis 32 A |

# Leistungsschütze (3-polig)
(Auszug aus Datenblatt)

Schaltzeichen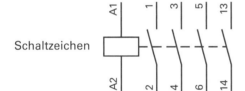

DILM7
DILM9
DILM12
DILM15

DILM17
DILM25

| Gebrauchs-kategorie | Bemessungs-betriebs-spannung | Typ und Bemessungsleistung in kW | | | | | |
|---|---|---|---|---|---|---|---|
| | | DIL M7 | DIL M9 | DIL M12 | DIL M15 | DIL M17 | DIL M25 |
| AC-3 | 230 V | 2,2 | 2,5 | 3,5 | 4 | 5 | 7,5 |
| | 400 V | 3 | 4 | 5,5 | 7,5 | 7,5 | 11 |
| | 500 V | 3,5 | 4,5 | 7 | 7,5 | 12 | 17,5 |
| AC-4 | 230 V | 1 | 1,5 | 2 | 2 | 2,5 | 3,5 |
| | 400 V | 2,2 | 2,5 | 3 | 3 | 4,5 | 6 |
| | 500 V | 2,5 | 2,8 | 3,5 | 3,5 | 6 | 8 |
| AC-1 | 230 V | 8 | 8 | 8 | 8 | 15 | 17 |
| | 400 V | 14 | 14 | 14 | 14 | 26 | 29 |
| | 500 V | 19 | 19 | 19 | 19 | 34 | 38 |

## Gebrauchskategorien für Schütze

| Stromart | Gebrauchskategorie | Typische Anwendungsfälle |
|---|---|---|
| Wechselstrom (AC) | AC-1 | Nicht induktive oder schwach induktive Last, Widerstandsöfen. |
| | AC-2 | Schleifringläufermotoren: Anlassen, Ausschalten. |
| | AC-3 | Käfigläufermotoren: Anlassen, Ausschalten während des Laufes[1]. |
| | AC-4 | Käfigläufermotoren: Anlassen, Gegenstrombremsen, Reversieren, Tippen. |
| | AC-5A | Schalten von Gasentladungslampen. |
| | AC-5B | Schalten von Glühlampen. |
| | AC-6A | Schalten von Transformatoren. |
| | AC-6B | Schalten von Kondensatorbatterien. |
| | AC-7A | Schwach induktive Last in Haushaltsgeräten und ähnlichen Anwendungen. |
| | AC-7B | Motorlast für Haushaltsanwendungen. |
| | AC-8A | Steuern von hermetisch abgeschlossenen Kühlkompressormotoren mit automatischer Rückstellung der Überstromauslöser[2]. |
| | AC-8B | Steuern von hermetisch abgeschlossenen Kühlkompressormotoren mit automatischer Rückstellung der Überstromauslöser[2]. |
| | AC-53A | Steuern eines Käfigläufermotors mit Halbleiterschützen. |
| Gleichstrom (DC) | DC-1 | Nicht induktive oder schwach induktive Last, Widerstandsöfen. |
| | DC-3 | Nebenschlussmotoren: Anlassen, Gegenstrombremsen, Reversieren, Tippen, Widerstandsbremsen. |
| | DC-5 | Reihenschlussmotoren: Anlassen, Gegenstrombremsen, Reversieren, Tippen, Widerstandsbremsen. |
| | DC-6 | Schalten von Glühlampen. |

[1] Geräte der Gebrauchskategorie AC-3 dürfen für gelegentliches Tippen oder Gegenstrombremsen während einer begrenzten Dauer wie zum Einrichten einer Maschine verwendet werden; die Anzahl der Betätigungen darf dabei nicht über fünf Betätigungen je Minute und nicht überzehn Betätigungen je zehn Minuten hinausgehen.

[2] Beim hermetisch gekapselten Kühlkompressor sind Kompressor und Motor im gleichen Gehäuse ohne äußere Welle oder Wellendichtung gekapselt und der Motor wird mit Kühlmittel betrieben.

 Das Einsatzgebiet von Schützen wird durch die Stromart und die Art der zu schaltenden Last bestimmt und durch Gebrauchskategorien angegeben.

## Einweg-Lichtschranke: Auszug aus dem Datenblatt

Eine Einweg-Lichtschranke besteht aus einem Einweg-Sender und einem Einweg-Empfänger **(Bild 1)**. Mit getrenntem Sender und Empfänger sind sehr große Reichweiten möglich. Dieses Prinzip eignet sich hervorragend bei Schmutz und Nässe. Mit diesen Geräten ist eine hohe Schaltgenauigkeit und Betriebssicherheit gewährleistet.
Beim Unterbrechen des Lichtstrahls durch Objekte, wird eine Schaltfunktion ausgelöst.
Einweg-Lichtschranken können spiegelnde oder dunkle Objekte ohne Probleme erkennen. Bei transparenten Objekten können Probleme entstehen.

| Produktmerkmale | |
|---|---|
| Schaltabstand von ... bis: | 0 ... 45 m |
| Lichtsender: | LED |
| Lichtart: | Rotlicht |
| Lichtfleckabmessung: | ca. 700 mm in 40 m Entfernung |

| Technische Daten | |
|---|---|
| Abmessungen (B x H x T): | 25 x 78 x 63 mm |
| Versorgungsspannung: | AC 24 ... 240 V / DC 12 ... 240 V |
| Schaltausgang: | Relais 1 x Umschaltkontakt, galvanisch getrennt |
| Schaltfunktion: | hellschaltend |
| Ansprechzeit: | ≤ 20 ms |
| Anschlussart: | Klemmenanschluss |
| Schutzart: | IP 67 |
| Umgebungstemperatur: | -25 ... +55 °C |

**Bild 1: Einweg-Lichtschranke**

## Sicherheitsdruckleiste: Informationsblatt

**Absicherungen von Quetsch- und Scherkanten**

Das Gerätesicherheitsgesetz besagt, dass Maschinen nur in Verkehr gebracht werden dürfen, wenn zum Schutz der Bediener umfassende Sicherheitsrichtlinien beachtet werden. Dazu gehört unter anderem die Absicherung von Scher- oder Quetschkanten an automatisch betriebenen Einrichtungen.

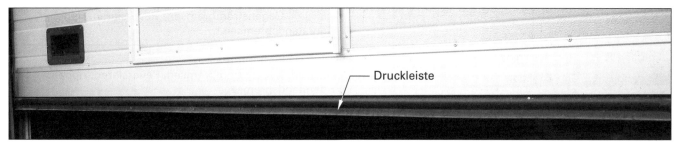

— Druckleiste

**Bild 2: Sicherheitsdruckleiste**

Sicherheitsschalter bzw. Sicherheitsdruckleisten schützen den Benutzer vor Gefahren an Scher- oder Quetschkanten. Einrichtungen wie z.B. Hubtische, Schiebetore oder Theaterbühnen sind mit solchen Sicherheitsdruckleisten ausgerüstet. Die Sicherheitsdruckleiste **(Bild 2)** bewirkt die sofortige Abschaltung des Antriebs beim Auftreffen auf einen Körper.
In der Praxis findet man zwei unterschiedliche Systeme.
Man verwendet elektrische Systeme nach dem Schließerprinzip, bei denen zwei leitfähige Schichten (Bänder) bei Betätigung zusammengebracht werden. Die Signalauswertung kann direkt durch das Kleinsteuergerät oder durch eine SPS erfolgen.
Optische Systeme, bei denen ein Lichtstrahl unterbrochen wird benötigen zur Auswertung der Signale ein spezielles Auswertgerät.

## Rolltormotor: Datenblatt

> # Typ 1501M, 2001S
> ## Schiebetorantrieb
> ## für alle Tore

| Technische Daten | | |
|---|---|---|
| Typ | 1501M | 2001S |
| Anschlussspannung | 230 V / 50 Hz | 400 V / 50 Hz |
| Stromaufnahme | 2,0 A | 4,0 A |
| Leistungsaufnahme | 850 W | 1600 W |
| Anzahl der Betätigungen pro Tag | max. 200 | max. 500 |
| Geschwindigkeit | 10,2 m/min. | 10,2 m/min. |
| Max. Gewicht bei freitragenden Toren<br>Max. Gewicht bei bodengeführten Toren | 1000 kg<br>1500 kg | 2000 kg<br>4000 kg |
| Max. Breite bei freitragenden Toren<br>Max. Breite bei bodengeführten Toren | 10 m<br>20 m | 16 m<br>20 m |
| Max. Schubkraft | 6370 N | 8330 N |
| Sanftanlauf | Nein | Nein |
| Endlagenbremsung | Ja | Ja |
| Eigengewicht | 30 kg | 30 kg |

## Auszüge aus dem LOGO!-Handbuch

### Vor-/Rückwärtszähler:

**Kurzbeschreibung**
Je nach Parametrierung (Dir.) wird durch einen Eingangsimpuls ein interner Zählwert vorwärts oder rückwärts gezählt. Bei Erreichen der parametrierbaren Schwellwerte wird der Ausgang gesetzt bzw. zurückgesetzt. Die Zählrichtung kann über den Eingang Dir verändert werden.

| Beschaltung | Beschreibung |
|---|---|
| Eingang **R** | Rücksetzen des internen Zählwertes und des Ausganges Q auf Null. |
| Eingang **Cnt** | Die Funktion zählt die Zustandsänderungen am Eingang Cnt von Zustand 0 nach Zustand 1 (pos. Flanke). Signal-Wechsel von 1 nach 0 werden nicht gezählt. Verwenden Sie:<br>• Eingänge I5/I6 für schnelle Zählvorgänge bis max. 2 kHz (siehe LOGO! Handbuch)<br>• Einen beliebigen anderen Eingang oder Schaltungsteil für geringe Zählfrequenzen (bis 5 Hz). |
| Eingang **Dir** | Über den Eingang Dir (Direction) geben Sie die Zählrichtung vor:<br>Dir = 0: Vorwärtszählen, Dir = 1: Rückwärtszählen |
| Parameter **Par** | On: Einschaltschwelle, Wertebereich: 0 ... 999999, Off: Ausschaltschwelle, Wertebereich: 0 ... 999999, Remanenz angewählt (on) = der Zustand wird remanent gespeichert (siehe LOGO! Handbuch). |
| Ausgang **Q** | Q wird bei erreichter Einschaltschwelle gesetzt, bei unterschreiten der Ausschaltschwelle zurückgesetzt |

**Funktionsbeschreibung**
Bei jeder positiven Flanke am Eingang Cnt wird der interne Zählerstand um eins erhöht (Dir = 0) oder um eins verringert (Dir = 1). Mit dem Rücksetzeingang R wird der Ausgang Q und der interne Zählwert auf „000000" zurück gestellt. Liegt an R 1-Signal an, wird der Ausgang Q auf 0 gesetzt und die Impulse am Eingang Cnt werden nicht mitgezählt. Der Ausgang Q wird in Abhängigkeit vom Aktualwert Cnt und den eingestellten Schwellwerten gesetzt oder rückgesetzt.

## Symmetrischer Taktgeber:

### Kurzbeschreibung
Ein Taktsignal mit parametrierbarer Periodendauer wird am Ausgang ausgegeben.

| Symbol bei LOGO! | Beschaltung | Beschreibung |
|---|---|---|
| | Eingang En | Starten des Taktgebers mit Signal 1 am Eingang En. |
| En ⊓ Q  T ⊔⊓⊔ | Parameter T | T ist die symmetrische Zeit für Impulszeit und Impulspause. |
| | Ausgang Q | Am Ausgang Q liegt das symmetrische Taktsignal. |

### Zeit-Signal-Plan

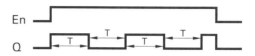

### Funktionsbeschreibung
Über den Parameter T legen Sie die Impulszeit und die Impulspause fest. Mit dem Eingang En (für Enable (engl.): freigeben) schalten Sie den Taktgeber ein, d.h. der Taktgeber setzt für die Zeit T den Ausgang Q auf 1, anschließend für die Zeit T den Ausgang Q auf 0.

---

## Einschaltverzögerung:

### Kurzbeschreibung
Bei der Einschaltverzögerung wird der Ausgang erst nach einer parametrierbaren Zeit auf den Wert Q = 1 gesetzt.

| Symbol bei LOGO! | Beschaltung | Beschreibung |
|---|---|---|
| | Eingang Trg | Über den Eingang Trg (Trigger) starten Sie die Zeit für die Einschaltverzögerung. |
| Trg ⊓ Q  T ⊔⌐ | Parameter T | T ist die Zeit, nach der der Ausgang gesetzt wird (Ausgangssignal wechselt von 0 nach 1). |
| | Ausgang Q | Q schaltet nach Ablauf der parametrierten Zeit T ein, vorausgesetzt der Eingang Trg ist noch nicht gesetzt. |

### Zeit-Signal-Plan

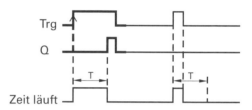

### Funktionsbeschreibung
Wechselt der Zustand am Eingang Trg von 0 nach 1 (positive Flanke), wird die Zeit T gestartet. Wenn der Zustand am Eingang Trg mindestens für die Dauer der parametrierten Zeit T auf 1 bleibt, dann wird nach Ablauf der Zeit T der Ausgang auf 1 gesetzt (der Ausgang wird gegenüber dem Eingang verzögert eingeschaltet). Wechselt der Zustand am Eingang Trg vor Ablauf der Zeit T wieder nach 0, wird auch die Zeit zurückgestellt.
Der Ausgang wird wieder auf 0 gesetzt, wenn am Eingang Trg der Zustand 0 anliegt.

---

## Ausschaltverzögerung:

### Kurzbeschreibung
Bei der Ausschaltverzögerung wird der Ausgang erst nach einer parametrierbaren Zeit zurückgesetzt.

| Symbol bei LOGO! | Beschaltung | Beschreibung |
|---|---|---|
| | Eingang Trg | Eine fallende Flanke (Signalwechsel von 1 nach 0) am Eingang Trg (Trigger) startet die Ausschaltverzögerung. |
| Trg ⊓ Q  R ⊓  T | Eingang R | Über den Eingang R setzen Sie die Ausschaltverzögerung zurück (Ausgang Q auf 0). |
| | Parameter T | T ist die Zeit für die Ausschaltverzögerung. |
| | Ausgang Q | Q wird mit Trg gesetzt und wird mit Ablauf von T zurück gesetzt. |

### Zeit-Signal-Plan

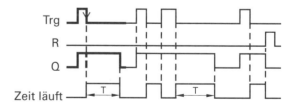

### Funktionsbeschreibung
Nimmt der Eingang Trg den Zustand 1 an, dann schaltet der Ausgang Q sofort auf Zustand 1. Wechselt der Zustand an Trg von 1 nach 0 (fallende Flanke), dann startet in der LOGO! die aktuelle Zeit, der Ausgang bleibt gesetzt. Wenn die aktuelle Zeit den eingestellten Wert T erreicht, dann wird der Ausgang Q auf Zustand 0 zurückgesetzt (verzögert Ausschalten). Wird der Eingang Trg erneut ein- und wieder ausschaltet, wird die aktuelle Zeit Ta neu gestartet. Über den Eingang R (Reset) setzen Sie die aktuelle Zeit Ta und den Ausgang zurück, bevor die aktuelle Zeit Ta abgelaufen ist. Nach Netzausfall wird die bereits abgelaufene Zeit wieder zurückgesetzt.

## Binäre Sensoren

- Symbole

**Allgemein:** | **Beispiele:**

induktiv    kapazitiv    optoelektronisch    Ultraschall

- Elektrischer Anschluss

Sensoren werden für Anschlussspannungen im Wechsel- und Gleichstrombereich gebaut. Dabei existieren in der Praxis folgende Spannungsbereiche:

| Gleichspannung: | Wechselspannung: | Gleich- und Wechselspannung: |
|---|---|---|
| 10 V ... 30 V<br>10 V ... 55 V<br>20 V ... 250 V | 20 V ... 110 V<br>90 V ... 250 V<br>20 V ... 250 V | 10 V ... 360 V<br>15 V ... 250 V |

Bei den binären Sensoren unterscheidet man:

| | |
|---|---|
| ○ **Zweileitersysteme:**<br>PNP-Technik (plusschaltend) oder NPN-Technik (minusschaltend)<br>mit Öffner (NC - normaly closed) oder Schließer (NO - normaly opened)<br><br>Beispiel: PNP-Technik mit Schließer | L+ (L-)<br>3/BN<br>4/BU   (ungepolt)<br>L- (L+) |
| ○ **Dreileitersysteme:**<br>NPN-Technik oder PNP-Technik<br>mit Öffner oder Schließer.<br><br>Beispiel: NPN-Technik mit Schließer | L+<br>1/BN   4/BK<br>3/BU<br>L- |
| ○ **Vierleitersysteme:**<br>NPN-Technik oder PNP-Technik<br>mit Öffner und Schließer oder Wechsler.<br><br>Beispiel: PNP-Technik (Öffner und Schließer) | L+<br>1/3N<br>4/BK   2/WH<br>3/BU<br>L- |

- Aderfarben der Anschlussleitungen

| | Beispiel: |
|---|---|
| Die Anschlüsse eines Sensors sind mit den Ziffern 1 bis 4 bezeichnet.<br>Die Anschlussleitungen haben die Farben Braun (BN), Blau (BU), Schwarz (BK) und Weiß (WH).<br><br>Braun (BN)  –  positive Spannungsversorgung (L+)<br>Blau (BU)  –  Masse (L-)<br>Schwarz (BK)  –  Ausgang (NO oder NC bei 3-Leitersystemen,<br>               NO bei 4-Leitersystem)<br>Weiß (WH)  –  Ausgang (NC bei 4-Leitersystemen) | 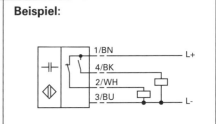 |

| Aderfarben und Steckerbelegung (EN 60947-5-2) | | | |
|---|---|---|---|
| | Funktion | Aderfarbe | Anschlussziffer |
| 2 Anschlüsse AC und | Schließer | jede Farbe[1] außer Gelb, Grün oder Grün/Gelb | 3<br>4 |
| 2 Anschlüsse DC<br>(ungepolt) | Öffner | | 1<br>2 |
| 2 Anschlüsse DC<br>(gepolt) | Schließer | + Braun (BN)<br>– Blau (BU) | 1<br>4 |
| | Öffner | + Braun (BN)<br>– Blau (BU) | 1<br>2 |
| 3 Anschlüsse DC<br>(gepolt) | Schließer<br>Ausgang | + Braun (BN)<br>– Blau (BU)<br>Schwarz (BK) | 1<br>3<br>4 |
| | Öffner<br>Ausgang | + Braun (BN)<br>– Blau (BU)<br>Schwarz (BK) | 1<br>3<br>2 |
| 4 Anschlüsse DC<br>(gepolt) | Wechsler<br>(öffnen, schließen)<br>Schließer-Ausgang<br>Öffner-Ausgang | + Braun (BN)<br>– Blau (BU)<br>Schwarz (BK)<br>Weiß (WH) | 1<br>3<br>4<br>2 |

[1]Es wird empfohlen, dass beide Adern die gleiche Farbe haben.

## Informationen für Auszubildende und für Betriebe

Seit dem 1. April 2005 gilt das neue Berufsbildungsgesetz. Damit soll die berufliche Bildung an die veränderten Anforderungen der
Arbeitswelt angepasst werden.

### Regelungen des Berufsbildungsgesetzes

- Eignung der Ausbildungsstätte
- Ordnung der Berufsbildung
- Ausbildungsberufe
- Berufsausbildungsverhältnis
- Prüfungswesen
- Fort- und Weiterbildung
- Organisation der Berufsbildung

Das Berufsbildungsgesetz bringt u.a. folgende
Veränderungen:

### Lernorte der Berufsbildung (§ 2)

**Ausbildungsabschnitte im Ausland:** Auslandsaufenthalte können künftig Bestandteil der Ausbildung sein, wenn dies dem Ausbildungsziel
dient. Die Auslandsaufenthalte können bis zu
einem Viertel der Ausbildungsdauer nach der
Ausbildungsordnung betragen, z.B. bei 3-jähri-
ger Ausbildung bis zu 9 Monate.
Durch Ausbildungsabschnitte bei Partnern oder
Firmen im Ausland können die Betriebe ihre
Ausbildung attraktiver machen, die Ausbildung
international ausrichten und dadurch ihren
künftigen Fachkräften internationales Wissen
vermitteln.

 Das Berufsbildungsgesetz 2005

- Abkürzung BBiG.
- Wesentliche Grundlage für die Durchführung der Berufsaus-
  bildung.
- Gültig seit 1. April 2005.
- Regelt u.a. die gestreckte Abschlussprüfung (Seite 167).
- Bindend für Auszubildende und Betriebe.
- Nachzulesen unter: www.bmbf.de

### Die Top-Ten der dualen Ausbildungsberufe 2003*

| Rang | Anzahl | Beruf | % |
|------|--------|-------|---|
| 1 | 78422 | Kraftfahrzeugmechatroniker | 8,4 |
| 2 | 38793 | Elektroniker: Energie- und Gebäudetechnik | 4,1 |
| 3 | 36711 | Anlagenmechaniker: Sanitär-, Heizungs- und Klimatechnik | 3,9 |
| 4 | 31764 | Maler und Lackierer | 3,4 |
| 5 | 30868 | Kaufmann im Einzelhandel | 3,3 |
| 6 | 29154 | Koch | 3,1 |
| 7 | 27323 | Metallbauer | 2,9 |
| 8 | 25125 | Tischler | 2,7 |
| 9 | 22592 | Kaufmann im Groß- und Einzelhandel | 2,4 |
| 10 | 19666 | Mechatroniker | 2,1 |
| | 598673 | Alle übrigen Berufe | 63,7 |
| | **939111** | **Insgesamt** | **100** |

\* Quelle: Statistisches Bundesamt

### Ausbildungsordnung (§ 5)

**Ausbildung stufenweise:** Die Ausbildungsordnung legt die Ausbildungsdauer fest. Sie soll
nicht mehr als drei und nicht weniger als zwei Jahre betragen. Bei den zukünftigen Berufen kann eine Stufenausbildung
geregelt werden, die der Auszubildende nach der ersten Stufe beenden kann. Ein besonderer Ausbildungsstufen-
vertrag ist jedoch nicht vorgesehen. Der Vorteil für lernschwächere Auszubildende: Sie können früher aufhören, erhal-ten
ein Zeugnis und gelten nicht als Abbrecher. Man spricht vom Ausstiegsmodell. Der Vorteil für Betriebe: Sie sind
dann nicht gezwungen, die Ausbildung trotz Überforderung fortzusetzen.

**Ausbildung aufstocken:** Dazu kann es, aufeinander abgestimmte, Berufe mit zwei- oder dreijähriger Ausbildung nach dem
Beispiel der Bauberufe geben. Hier kann ein zweijähriger Ausbildungsvertrag vereinbart werden. Das dritte Jahr kann
später vertraglich aufgestockt werden. Auszubildende und Betriebe entscheiden, ob und wann es nach dem ersten
Abschluss weitergeht.

**Prüfung gestreckt:** Die gestreckte Prüfung teilt die Abschlussprüfung in zwei zeitlich auseinander fallende Teile: Etwa nach
zwei Jahren und am Ende der Ausbildung wird je ein Teil der Prüfung abgelegt. Die grundlegenden Kenntnisse,
Fertigkeiten und Fähigkeiten werden als Prüfungsteil 1 geprüft, bewertet und fließen in das Gesamtergebnis der Abschlussprüfung ein. Der Prüfungsteil 2 kann sich dann auf die berufstypische Handlungskompetenz konzentrieren, die
besonders das Ziel der Ausbildung ist. Aufwändige Wiederholungen der Grundqualifikationen vor der Abschlussprüfung entfallen, da diese vorher im Prüfungsteil 1 geprüft und bewertet werden. Die Auszubildenden müssen von Anfang an ihre beruflichen Kenntnisse und Fähigkeiten aufzeigen.

**Ausbildungsnachweis:** Die Ausbildungsordnung sieht vor, dass Auszubildende einen schriftlichen Ausbildungsnachweis (Berichtsheft) zu führen haben.

**Zusatzqualifikationen:** Neue Ausbildungsordnungen ermöglichen Zusatzqualifikationen. Zusatzqualifikationen sind freiwillig und müssen zwischen Betrieb und Auszubildenden zusätzlich vereinbart werden. Betriebe können Zusatzqualifikationen anbieten, müssen dies aber nicht. Zusatzqualifikationen, z.B. Betriebswirtschaft Management, müssen gesondert geprüft und bescheinigt werden. Damit ist es möglich, besonders leistungsfähigen Auszubildenden eine Alternative zum Hochschulstudium zu bieten, den Beruf attraktiver zu machen und die Chancen auf dem Arbeitsmarkt zu verbessern.

Zulassung zur Abschlussprüfung:

Vorgeschriebene schriftliche Ausbildungsnachweise müssen geführt worden sein!

 Für die Ausbildung im Handwerk gilt zusätzlich die Handwerksordnung (HwO)

## Anrechnung beruflicher Vorbildung auf die Ausbildungszeit (§ 7)

Die Anrechnung beruflicher Vorbildung wird künftig durch die Landesregierungen durch Rechtsverordnung geregelt. Die Länder können entscheiden, ob Bewerber einen Rechtsanspruch auf Abkürzung der Ausbildungszeit haben. Die Rechtsverordnung kann vorsehen, dass Verkürzungen der Ausbildungszeit vom Auszubildenden und dem Betrieb gemeinsam beantragt werden. Unterschiede zwischen den einzelnen Ländern sind zukünftig möglich. Bundesweit tätige Unternehmen müssen sich dann über die unterschiedlichen Anrechnungsregelungen in den Bundesländern informieren.

## Abkürzung und Verlängerung der Ausbildungszeit (§ 8)

**Abkürzung:** Auf gemeinsamen Antrag des Auszubildenden und des Betriebes hat die zuständige Stelle, z.B. Industrie- und Handelskammer (IHK), die Ausbildungszeit zu kürzen, z.B. bei beruflicher Vorbildung, wenn zu erwarten ist, dass das Ausbildungsziel in der gekürzten Zeit erreicht wird.
**Verlängerung:** In Ausnahmefällen kann die zuständige Stelle auf Antrag des Auszubildenden die Ausbildungszeit verlängern, wenn die Verlängerung erforderlich ist, um das Ausbildungsziel zu erreichen.
**Teilzeitberufsausbildung:** In Ausnahmefällen können Auszubildende und Betrieb künftig bei der zuständigen Stelle eine Verkürzung der täglichen oder wöchentlichen Ausbildungszeit beantragen. Voraussetzung sind wichtige Gründe, z.B. wenn Auszubildende ein eigenes Kind oder einen pflegebedürftigen nahen Angehörigen betreuen müssen. Die tägliche Ausbildungszeit soll aber 6 Stunden nicht unterschreiten. Die Vergütung kann prozentual entsprechend der Verkürzung der Zeit gekürzt werden.

## Vertrag (§ 10)

**Berufsausbildungsvertrag:** Wer andere Personen zur Berufsausbildung einstellt (Auszubildende), hat mit dem Auszubildenden einen Berufsausbildungsvertrag zu schließen.
**Verbundausbildung:** Die Verbundausbildung wurde in das Berufsbildungsgesetz neu aufgenommen. Mehrere Betriebe können in einem Ausbildungsverbund zusammenwirken, soweit die Verantwortung für die einzelnen Ausbildungsabschnitte und die Ausbildungszeit insgesamt sichergestellt ist.

## Verhalten während der Berufsausbildung (§ 13)

Auszubildende haben sich zu bemühen, die berufliche Handlungsfähigkeit zu erwerben, die zum Erreichen des Ausbildungszieles erforderlich ist.

Sie sind insbesondere verpflichtet,

1. die ihnen im Rahmen ihrer Berufsausbildung aufgetragenen Aufgaben sorgfältig auszuführen,

2. an Ausbildungsmaßnahmen (Berufsschulunterricht, Prüfungen) teilzunehmen, für die sie nach § 15 freigestellt werden,

3. den Weisungen zu folgen, die ihnen im Rahmen der Berufsausbildung von Ausbildenden oder von anderen weisungsberechtigten Personen erteilt werden,

4. die für die Ausbildungsstätte geltende Ordnung zu beachten,

5. Werkzeuge, Maschinen und sonstige Einrichtungen pfleglich zu behandeln,

6. über Betriebs- und Geschäftsgeheimnisse Stillschweigen zu wahren.

## Berufsausbildung (§ 14)

(1) Ausbildende haben

1. dafür zu sorgen, dass den Auszubildenden die berufliche Handlungsfähigkeit vermittelt wird, die zum Erreichen des Ausbildungszieles erforderlich ist und die Berufsausbildung in einer durch ihren Zweck gebotenen Form planmäßig, zeitlich und sachlich gegliedert so durchzuführen, dass das Ausbildungsziel in der vorgesehenen Ausbildungszeit erreicht werden kann,

2. selbst auszubilden oder einen Ausbilder oder eine Ausbilderin ausdrücklich damit zu beauftragen,

3. Auszubildenden kostenlos die Ausbildungsmittel, insbesondere Werkzeuge und Werkstoffe zur Verfügung zu stellen, die zur Berufsausbildung und zum Ablegen von Zwischen- und Abschlussprüfungen, auch soweit solche nach Beendigung des Berufsausbildungsverhältnisses stattfinden, erforderlich sind,

**§ 20 Probezeit**

- Maximal 4 Monate (früher 3 Monate)
- Minimal 1 Monat
- Kündigung innerhalb der Probezeit jederzeit möglich

4. Auszubildende zum Besuch der Berufsschule sowie zum Führen von schriftlichen Ausbildungsnachweisen anzuhalten, soweit solche im Rahmen der Berufsausbildung verlangt werden und diese durchzusehen,

5. dafür zu sorgen, dass Auszubildende charakterlich gefördert sowie sittlich und körperlich nicht gefährdet werden.

(2) Auszubildenden dürfen nur solche Aufgaben übertragen werden, die dem Ausbildungszweck dienen und ihren körperlichen Kräften angemessen sind.

## Probezeit (§ 20)

Das Berufsausbildungsverhältnis beginnt mit der Probezeit. Die maximale Probezeit beträgt vier Monate. Auszubildende und Ausbildernder können sich dadurch gegenseitig besser kennen lernen. Die minimale Probezeit beträgt 1 Monat. Während der Probezeit kann das Berufsausbildungsverhältnis, ohne Einhalten einer Kündigungsfrist, jederzeit von beiden Seiten gekündigt werden.

## Leichter ausbilden (§§ 28, 30)

Unter der Verantwortung eines Ausbilders kann künftig auch bei der Berufsausbildung mitwirken, wer selbst nicht alle Voraussetzungen für die fachliche Eignung mitbringt. Die persönliche Eignung der Ausbilder wird nicht mehr von einer Altersgrenze (bisher 24 Jahre) abhängig gemacht.

## Abschlussprüfung früher nachholen (§ 45)

Betriebliche Mitarbeiter, die als Berufstätige eine IHK-Abschlussprüfung nachholen wollen, können zukünftig früher als „Externe" zugelassen werden. War bisher eine Berufserfahrung notwendig, die das Doppelte der regulären Ausbildungszeit betrug – also bei einer dreijährigen Ausbildung sechs Jahre – so reicht nun das Eineinhalbfache der Zeit (4,5 Jahre).

## Prüfungsausschüsse (§ 39)

Die Prüfungsausschüsse können künftig zur Bewertung einzelner, nicht mündlich zu erbringender Prüfungsleistungen gutachterliche Stellungnahmen Dritter, z.B. Lehrern an von berufsbildenden Schulen, einholen.

## Zulassung zur Abschlussprüfung (§ 43)

Zur Abschlussprüfung ist zugelassen:

1. wer die Ausbildungszeit abgelegt hat oder wessen Ausbildungszeit nicht später als zwei Monate nach dem Prüfungstermin endet,

2. wer die schriftlichen Ausbildungsnachweise geführt hat und

3. wessen Berufsausbildungsverhältnis in das Verzeichnis der Berufsausbildungsverhältnisse eingetragen oder aus einem Grund nicht eingetragen ist, den weder die Auszubildenden noch deren gesetzliche Vertreter oder Vertreterinnen zu vertreten haben.

## Welche Angaben muss der Ausbildungsvertrag mindestens enthalten?

• Art und Ziel der Berufsausbildung sowie Berufstätigkeit, für die ausgebildet werden soll
• Angaben zur sachlichen und zeitlichen Gliederung, kurz: zum Ablauf der Ausbildung
• Beginn und Dauer der Ausbildung
• Ausbildungsmaßnahmen außerhalb der Ausbildungsstätte, z.B. überbetriebliche Ausbildung
• Dauer der regelmäßigen täglichen Ausbildungszeit
• Dauer der Probezeit (mindestens 1 Monat, höchstens 4 Monate)
• Zahlung und Höhe der Vergütung
• Dauer des Urlaubs
• Kündigungsvoraussetzungen und -fristen
• Hinweis auf anzuwendende Tarifverträge, Betriebs- oder Dienstvereinbarungen

Der Vertrag muss vom Ausbildenden und vom Auszubildenden unterschrieben werden. Ist der Auszubildende noch nicht volljährig, dann ist auch die Unterschrift der Eltern oder eines gesetzlichen Vertreters erforderlich.

### Tabelle: FAQ[1] zum Berufsbildungsgesetz

| | |
|---|---|
| **Unter welchen Bedingungen kann in der Probezeit gekündigt werden?** | Während der Probezeit kann jede Vertragspartei den Ausbildungsvertrag jederzeit ohne Angaben von Gründen fristlos kündigen (§ 22 BBiG). Die Kündigung muss schriftlich erfolgen und dem Vertragspartner (Auszubildenden oder Betrieb) vor Ablauf der Probezeit zugegangen sein. |
| **Unter welchen Bedingungen kann dem Auszubildendem nach Ablauf der Probezeit gekündigt werden?** | Nach der Probezeit kann das Ausbildungsverhältnis nur fristlos und bei Vorliegen eines wichtigen Grundes schriftlich gekündigt werden (§22 BBiG). |
| **Aus welchem Grunde kann ein Ausbildernder nach der Probezeit kündigen?** | Wichtige Gründe können z.B. sein: Fortgesetztes unentschuldigtes Fehlen im Betrieb oder in der Berufsschule. |
| **Muss ein schriftlicher Ausbildungsnachweis (Berichtsheft) geführt werden?** | Ja! Spätestens zur Abschlussprüfung muss der schriftliche Ausbildungsnachweis vorliegen, sonst wird man zur Prüfung nicht zugelassen. Der/die Auszubildende hat Recht darauf, das Berichtsheft während der Arbeitszeit zu schreiben. Die Berichtshefte werden kostenlos vom Ausbildendem zur Verfügung gestellt. |
| **Wann endet die Ausbildung?** | Die Ausbildung endet üblicherweise zu dem Zeitpunkt, der im Ausbildungsvertrag vereinbart ist. In bestimmten Fällen kann die Ausbildungszeit verkürzt oder verlängert werden. Legt der/die Auszubildende z.B. die Prüfung vorzeitig ab, endet das Ausbildungsverhältnis dann, wenn der Prüfungsausschuss das Bestehen der Abschlussprüfung bekannt gibt. Besteht der/die Auszubildende die Abschlussprüfung nicht, kann die Ausbildungszeit auf Verlangen des Auszubildenden bis zur Wiederholungsprüfung, jedoch höchstens für ein Jahr, verlängert werden. |
| **Muss man Ausbildungs- und Prüfungsmittel selbst kaufen?** | Nein! Dem Auszubildenden sind kostenlos die Ausbildungsmittel, z.B. Werkzeuge und Materialien, die zur Berufsausbildung und zum Ablegen der Abschlussprüfung erforderlich sind, zu Verfügung zu stellen. |
| **Muss der Ausbildungsbetrieb nach bestandener Abschlussprüfung den Auszubildenden weiterbeschäftigen?** | Nein! Die Vertragpartner können aber während der letzten 6 Monate des Berufsausbildungsverhältnisses eine Weiterbeschäftigung vereinbaren. Jugend- und Ausbildungsvertretungen müssen nach Beendigung des Ausbildungsverhältnisses grundsätzlich weiterbeschäftigt werden, wenn sie es verlangen. |
| **Sind grundsätzlich alle Aufgaben und Arbeiten während der Ausbildung auszuführen?** | Nein! Dem Auszubildenden dürfen nur Arbeiten übertragen werden, die dem Ausbildungszweck dienen und seinen körperlichen Kräften angemessen sind (§ 6 BBiB). Verboten sind Tätigkeiten die gegen geltendes Recht, z.B JArbSchG (Jugendarbeitschutzgesetz), verstoßen. |

[1]FAQ, Abk. für: frequently asked questions (engl.) = häufig gestellte Fragen

## Information zur Abschlussprüfung in den Elektroberufen in Handwerk und Industrie

| Lern-feld 1 • • • Lern-feld 6 | Prüfung Teil 1 im 4. Halbjahr (nach 1,5 bis 2 Jahren) | Komplexe **Arbeitsaufgabe** mit **situativen Gesprächsphasen** | Schriftliche Aufgabenstellung zu der komplexen Arbeitsaufgabe | |
|---|---|---|---|---|
| | | In der Prüfung Teil 1 soll der Prüfling zeigen, dass er z.B. technische Unterlagen auswerten, Arbeitsabläufe planen, Teile montieren, demontieren, Betriebswerte einstellen, Unfallverhütungsvorschriften beachten, Fehler suchen und beseitigen, Produkte in Betrieb nehmen, übergeben, erläutern und Prüfprotokolle erstellen kann. | | |
| | | ⏱ max. 8 h  **20 %** | ⏱ max. 2 h  **20 %** | **40 %** |

| Lern-feld 7 📖 Fach-kunde Elektro-technik, Lernfeld-hinweise • Lern-feld 13 | Prüfung Teil 2 Ende 7. Halbjahr | **Systementwurf** | **Funktions- und Systemanalyse** | **Wirtschafts- und Sozialkunde** | |
|---|---|---|---|---|---|
| | | Es sind technische Problemanalysen durchzuführen und für bestehende Betriebsabläufe Lösungskonzepte zu entwickeln. | Es sind Schaltungsunterlagen und Dokumentationen auszuwerten und zu analysieren, Änderungen in Programmen vorzunehmen und Fehlerursachen zu bestimmen, beurteilen. | Es sind praxisbezogene handlungsorientierte Aufgaben und wirtschaftliche und gesellschaftliche Zusammenhänge der Berufs- und Arbeitswelt darzustellen und zu | **60 %** |
| | | ⏱ max. 2 h  **12 %** | ⏱ max. 2 h  **12 %** | ⏱ max. 1 h  **6 %** | |
| | | **Arbeitsauftrag:** Hier soll der Prüfling zeigen, dass er die schon in Teil 1 der Prüfung genannten Anforderungen an einem komplexen betrieblichen Auftrag oder einer praktischen Aufgabe umfassend beherrscht. Das Fachgespräch geht mit bis zu 30 % in die Bewertung ein. | | | |
| | | ⏱ 17-24 h | | **30 %** | |

| ☺ | Bestehen der Prüfung: | ➤ Insgesamt über alle Prüfungsteile 50 % **und**<br>➤ im Arbeitsauftrag 50 % der möglichen Punkte **und**<br>➤ Systementwurf + Funktions- und Systemanalyse + Wirtschafts- und Sozialkunde 50 % der möglichen Punkte, dabei mindestens 2x ausreichend und keine ungenügend*<br>*mündliche Ergänzungsprüfung nur für Bestehen möglich<br>(Gewichtung: 2/1 = schriftlich/mündlich) | **100 %** |
|---|---|---|---|
| | | **Beispiel:** Welche Punktzahl im 100-Punkte-Schlüssel erreicht ein Auszubildender, wenn er folgende Einzelergebnisse erzielt? Komplexe Arbeitsaufgabe: 70 Punkte, schriftliche Aufgabenstellung: 82 Punkte, Systementwurf: 83 Punkte, Funktions- und Systemanalyse: 77 Punkte, Wirtschafts- und Sozialkunde: 91 Punkte, Arbeitsauftrag: 76 Punkte.<br>Ergebnis = $70 \cdot 0{,}2 + 82 \cdot 0{,}2 + 83 \cdot 0{,}12 + 77 \cdot 0{,}12 + 91 \cdot 0{,}06 + 76 \cdot 0{,}3 = 77{,}86$ Punkte | **77 P.** |

**Tabelle: FAQ[1] zur Prüfung in den neu geordneten Elektroberufen**

| | |
|---|---|
| Gilt diese Prüfungsordnung auch für den Beruf des Mechatronikers? | Nein, der Mechatroniker macht die herkömmliche Zwischenprüfung. |
| Muss ich die Prüfung Teil 1 wiederholen, wenn ich in dieser Prüfung weniger als 50 % mögliche Punkte erreicht habe? | Nein, über das Bestehen der Prüfung wird erst nach allen erfolgten Prüfungsteilen befunden. Welche Prüfungsteile dann zu wiederholen sind, wird im Einzelfall entschieden. |
| Darf ich die Prüfung Teil 1 ein zweites Mal machen, wenn der Lehrvertrag nach dem zweiten Lehrjahr um ein weiteres Jahr Jahr verlängert wird? | Nein, darum ist es sinnvoll die Vertragsverlängerung vor Ableistung der Prüfung in Teil 1 zu stellen und nicht zur Prüfung anzutreten. |
| Habe ich die Prüfung bestanden, wenn ich insgesamt 54 % erreicht habe, jedoch im Arbeitsauftrag nur 45 % erreicht habe? | Nein, die Prüfung ist nicht bestanden. Im Arbeitsauftrag müssen unbedingt 50 % erreicht werden. Dieser Prüfungsteil muss dann wiederholt werden. |
| Ab welcher Prozentzahl erhalte ich die Note gut in meinem Facharbeiter- oder Gesellenbrief? | Ab 81 Punkte gibt es die Note gut. |
| Wie oft kann ich die Prüfung wiederholen? | Es sind zwei Wiederholungsprüfungen möglich. |
| Muss ich unbedingt zur mündlichen Ergänzungsprüfung antreten? | Nein, aber dies ist die einzige Chance noch die Prüfung in diesem Prüfungsdurchgang zu bestehen. |
| Vom Prüfungsteil 1 habe ich nur 42 % erreicht, durch den Prüfungsteil 2 komme ich aber insgesamt auf über 50 %. Habe ich die Prüfung bestanden? | Die Prüfung gilt als bestanden. |
| Ich habe in Systementwurf nur 40 Punkte erreicht. Bin ich durchgefallen? | Die Prüfung gilt als bestanden, wenn im gewichteten Durchschnitt der Fächer Systementwurf + Funktions- und Systemanalyse + Wirtschafts- und Sozialkunde insgesamt 50 % und in keinem weiteren Fach unter 50 Punkte erreicht werden. |
| Gibt es eine „Sperrfachregelung" wie in der alten Prüfungsordnung in Technologie? | Auf einzelne Fächer bezogen nicht. Jedoch müssen im Arbeitsauftrag in Teil 2 und in den theoretischen Fächern in Teil 2 jeweils mindestens 50 % erreicht werden. |

[1]FAQ, Abk. für: frequently asked questions (engl.) = häufig gestellte Fragen

Notizen

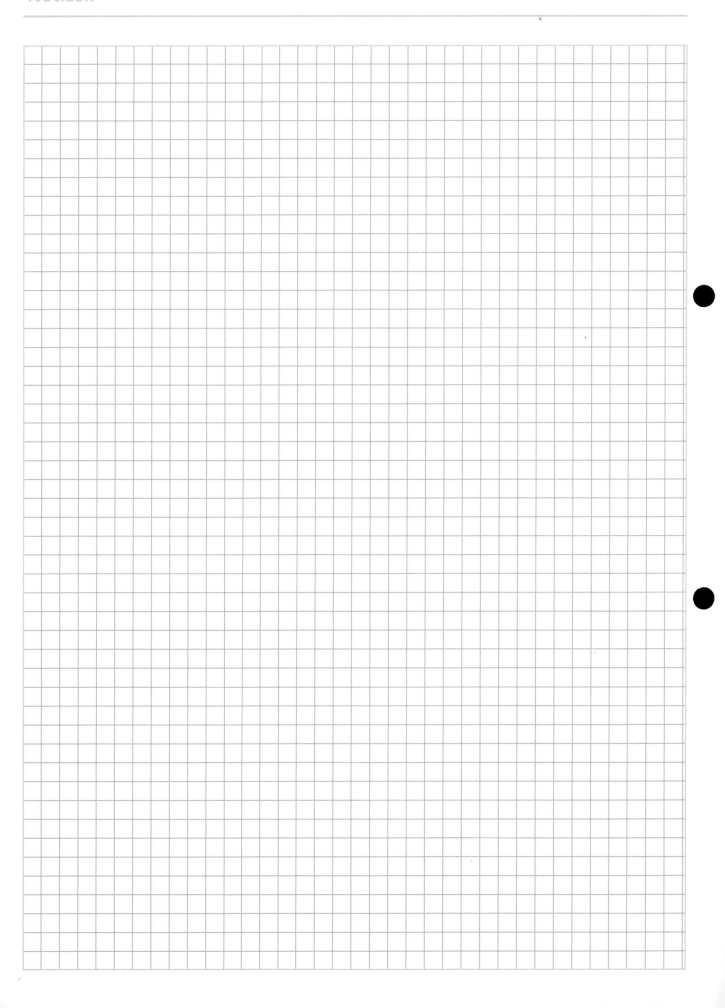

Notizen

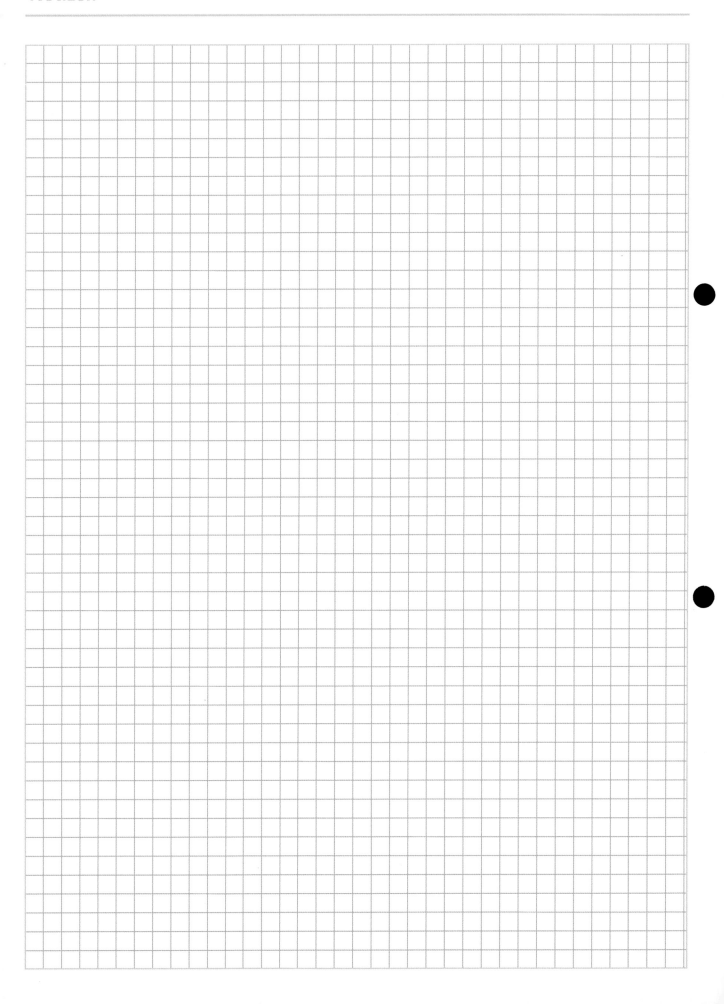